14. Band, 2. Heft

Fortschritte der chemischen Forschung
Topics in Current Chemistry

Springer-Verlag Berlin Heidelberg GmbH

ISBN 978-3-540-04817-6 ISBN 978-3-540-36196-1 (eBook)
DOI 10.1007/978-3-540-36196-1

Technische organische Fluorverbindungen

Dr. O. Scherer

Farbwerke Hoechst AG, vormals Meister Lucius & Brüning,
Frankfurt am Main-Höchst

Inhalt

Einleitung

Anfangs der 30er Jahre fanden die ersten organischen Fluorverbindungen Eingang in die Technik. Ausgangspunkt war die Beobachtung, daß manche Fluor-Verbindungen chemisch überraschend stabil sind. Diese Feststellung wurde unabhängig und fast zur gleichen Zeit in Deutschland und in USA gemacht: 1931 entdeckte man in den Farbwerken Hoechst, daß die Einführung von Trifluormethyl-Gruppen in *Naphtol AS-Farbstoffe* besonders klare und lichtechte Töne ergibt. Kurz vorher war bei der Firma DuPont erkannt worden, daß bestimmte aliphatische Fluorverbindungen sich als *Kältemittel* eignen. Drei Jahre später, 1934, wurde in Hoechst beobachtet, daß *Trifluorchloräthylen* polymerisierbar ist; damit war der Start für ein weiteres Anwendungsgebiet, die Fluorkunststoffe gegeben. Ein Jahr früher, 1933, war es Hoechst gelungen, das von *Balz-Schiemann* entdeckte Verfahren zur Herstellung von fluor-substituierten Aromaten zu vereinfachen, so daß diese Verbindungen nun auch technisch zugänglich waren. Bald darauf brachte die Firma Bayer/Leverkusen das erste fluorhaltige Arzneimittel und die Farbwerke Hoechst das erste organische Schädlingsbekämpfungsmittel mit Fluor im Molekül in den Handel.

Innerhalb verhältnismäßig weniger Jahre waren demnach Hinweise darauf gefunden worden, daß organische Fluorverbindungen auf den verschiedensten Sektoren eingesetzt werden können. Es hat dann aber doch noch viele Jahre gedauert, bis sie zu einer größeren technischen Bedeutung gelangten.

In dieser Zusammenfassung wird versucht, einen Überblick über jene Fluorverbindungen zu geben, die technisch hergestellt werden und wirtschaftliche Bedeutung erlangt haben.

Bei der Abfassung dieser Arbeit haben mir Herr Dr. *Kühn* und Herr Dr. *Schneider*, Farbwerke Hoechst, wertvolle Hilfe geleistet. Es sei ihnen auch an dieser Stelle sehr gedankt.

Der Inhalt basiert auf einem Plenarvortrag, den ich 1967 anläßlich der Hundertjahrfeier der Gesellschaft Deutscher Chemiker in Berlin hielt.

I. Methoden zur Darstellung organischer Fluorverbindungen

Es liegen eine Reihe zusammenfassender Arbeiten vor, in denen die Methoden zur Darstellung der organischen Fluorverbindungen ausführlich, zum Teil sogar mit genauen Vorschriften über technische Verfahren beschrieben sind [1]. Hier werden die wichtigsten Verfahren summarisch dargestellt.

Die interessanteste und vielleicht auch eleganteste Methode zur Herstellung von organischen Fluorverbindungen beruht auf der Beobachtung des belgischen Hochschullehrers *Swarts*, der schon 1892 gefunden hat, daß man mit Hilfe von Antimontrifluorid in manchen organischen Chlorverbindungen das Chlor gegen Fluor austauschen kann. Wenn damit auch ein grundsätzlicher Weg gezeigt war, so dauerte es doch noch ca. 40 Jahre, bis organische Fluorverbindungen technische Bedeutung erlangten. Der entscheidende Schritt hierzu bestand darin, daß es gelang, anstelle des teuren Antimonfluorids *Fluorwasserstoff* zu verwenden. Die meisten der heute technisch dargestellten organischen Fluorverbindungen werden durch Umsetzung der entsprechenden Chlorverbindungen mit Fluorwasserstoff hergestellt. Diese Umsetzungen können sowohl in flüssiger Phase unter Druck, als auch in der Gasphase ablaufen. Geht man von Trichlormethyl-Aromaten aus, so benötigt man für die Überführung in die Trifluormethyl-Verbindung nur Fluorwasserstoff und keinen Katalysator. Als Beispiele seien genannt Benzotrifluorid, o-, m- und p-Chlorbenzotrifluorid, m-Bis-Trifluormethylbenzol, m-Trifluormethylbenzoylfluorid. In den meisten anderen Fällen bedarf es der Gegenwart eines Katalysators. Beim Arbeiten in der flüssigen Phase werden als *Katalysatoren* Antimon- oder Arsenhalogenide, die zum Teil in der 5-wertigen Form vorliegen müssen, benützt. Arbeitet man in der Gasphase, werden nichtflüchtige Katalysatoren wie Aktivkohle, Aluminiumfluorid oder Chromoxyfluorid angewendet. Auch Alkalifluoride, insbesondere Kaliumfluorid, dienen zur Herstellung von organischen Fluorverbindungen. So kann besonders leicht bei Carbon- und Sulfosäurechloriden, aliphatischen Halogencarbonsäuren, -alkoholen, -estern und -äthern das Chlor durch Fluor ersetzt werden. In vielen Fällen empfiehlt sich die Verwendung von Lösungsmitteln, wie z.B. Acetamid und Äthylenglykol. Die Temperaturen liegen meist unter 200 °C. Bei höheren Temperaturen bei 450—500 °C kann man mit Kaliumfluorid mehrere Chloratome austauschen. So lassen sich bei entsprechenden Temperaturen Hexafluorbenzol und Pentafluorpyridin aus ihren Chlorverbindungen erhalten. Durch die Verwendung von *polaren Lösungsmitteln,* wie Dimethylformamid, Dimethylsulfoxid oder Sulfonen gelingt der Austausch sogar schon bei wesentlich tieferen Temperaturen. Allerdings ist der Mechanismus der Fluorierung in polaren Lösungsmitteln nicht ein einfacher Austausch von Fluor durch Chlor; er ist begleitet von einer Dehydrochlorierung und Isomerisation. Die übrigen Metallfluoride, wie die des Zinks, des Silbers oder Quecksilbers, die ebenfalls für den Austausch des Chlors gegen Fluor vorgeschlagen wurden, haben nur akademisches Interesse. Im übrigen scheint die Methode zur Herstellung von Fluorverbindungen mit Kaliumfluorid nur in wenigen Fällen, wie z.B. bei der Gewinnung von Monofluoressigsäuren und deren Derivaten technische Bedeutung erlangt zu haben.

Für die Herstellung von *kerngebundenen Fluoraromaten,* wie z.B. Monofluor-benzol, -naphtalin und -pyridin stehen zwei Verfahren zur Verfügung: die Pyrolyse der entsprechenden Diazoniumborfluoride und die Diazotierung der Amine in Fluorwasserstoff mit anschließender thermischer Zersetzung der so erhaltenen Diazoniumfluoride. Das letztere Verfahren wird technisch zur Herstellung von Fluorbenzol benutzt.

Ob die Methode zur Fluorierung der Carboxyl-, der Aldehyd- oder Keto-Gruppe mit *Schwefeltetrafluorid,* wodurch diese in eine Trifluormethyl- bzw. in eine CF_2-Gruppe übergeführt wird, technisch ausgenutzt wird, ist unbekannt.

Die Anlagerung von Fluorwasserstoff an aliphatische *Doppel- und Dreifachbindungen* ist für die Herstellung von Mono- und Difluorverbindungen von Bedeutung. Sie wird zuweilen mit dem Austausch von Chlor gegen Fluor kombiniert.

Eine *Mischung von Bleidioxid mit Fluorwasserstoff* führt zum Bleitetrafluorid und dieses reagiert mit Halogenolefinen. So gibt z.B. Tetrachloräthylen das Tetrachlordifluoräthan. Der Prozeß findet Anwendung in der Steroidchemie, wo Fluor in cis-Stellung an die Steroid-Doppelbindung addiert wird.

Die Einführung von Fluor in organische Verbindungen mit Hilfe von *elementarem Fluor* ist mit einer starken exothermen Reaktion verbunden, die meist zur Zerstörung des Moleküls führt. Die Verwendung von metallischen Kontaktkörpern zur Abführung der Reaktionswärme, die Verdünnung des Fluors mit Stickstoff und die Verwendung von inerten Verdünnungsmitteln bei der Fluorierung in flüssiger Phase brachte keinen durchschlagenden Erfolg. Das Verfahren wird technisch nicht angewandt.

Dagegen hat das sogenannte *elektrochemische Fluorierungsverfahren* von *Simons* Eingang in die Technik gefunden. Es beruht auf der Elektrolyse einer Lösung der zu fluorierenden organischen Verbindung in Fluorwasserstoff bei einer Spannung, die noch nicht zur Bildung von elementarem Fluor ausreicht. Das Verfahren ist auf Kohlenwasserstoffe, Carbonsäuren, Nitrile, Äther, Ketone und tertiäre Amine angewandt worden. Sein spezielles Anwendungsgebiet ist die Herstellung von Perfluorcarbonsäuren aus den Carbonsäurefluoriden und von Perfluoralkylsulfonsäure aus den Alkylsulfofluoriden.

In diesem Zusammenhang sei auch noch der Ersatz von Wasserstoff durch Fluor mit Hilfe von *höherwertigen Metallfluoriden*, wie Kobalttrifluorid, Silberdifluorid, Mangantrifluorid und andere erwähnt.

Diese Metallfluoride können nur durch Einwirkung von elementarem Fluor auf die Metallfluoride der niedrigen Wertigkeitsstufe hergestellt werden. Sie geben bei höherer Temperatur einen Teil ihres Fluors leicht an wasserstoff-haltige Verbindungen ab.

Nach diesem Verfahren wurde während des 2. Weltkrieges in USA in technischem Maßstabe gearbeitet. Es wurde angewandt zur Gewinnung von Fluorkohlenstoffen, die bis zu 20 und mehr Kohlenstoffatome enthalten. DuPont stellte Schmieröle auf diesem Wege her.

Als *Werkstoffe* für die Durchführung der genannten Fluorierungen kommen Stahl, Chromnickel, Nickel, Monel und Aluminium in Betracht. Keramisches Material kann, abgesehen von Umsetzungen mit Kaliumfluorid, nicht verwandt werden.

II. Kältemittel

Die Arbeitsstoffe, die in Kältemaschinen zum Zweck der Kälteerzeugung in der Regel einen geschlossenen Kreisprozess durchlaufen, bezeichnet man als Kältemittel. Es soll hier nur von solchen Kältemitteln gesprochen werden, die in Kompressoranlagen benötigt werden. Diese Kältemittel sollen leicht siedende Flüssigkeiten sein, die einen möglichst tiefen Erstarrungspunkt und einen höheren Dampfdruck als Wasser besitzen.

Von den klassischen Kältemitteln Ammoniak, Kohlendioxid, Schwefeldioxid und Methylchlorid hat nur das Ammoniak heute noch technische Bedeutung (vor allem bei Großkälteanlagen). Seit 1930 sind nämlich — zunächst in USA — Verbindungen in den Handel gekommen, die in ihrer Herstellung auf die Erfordernisse der Kälteindustrie von vornherein abgestimmt und speziell als Kältemittel entwickelt wurden. Es handelt sich um Fluorchlor-Derivate der niederen aliphatischen Kohlenwasserstoffe. Diese Verbindungen sind nicht brennbar und praktisch ungiftig, Eigenschaften, die keines der bisherigen Kältemittel in sich vereinte. Sie werden in höchster Reinheit in den Handel gebracht und unterliegen von seiten der Herstellerfirmen einer scharfen Qualitätskontrolle. Vor allem wegen ihrer physiologischen Unbedenklichkeit haben sie als Sicherheitskältemittel große Verbreitung gefunden. In steigendem Maße werden sie darüber hinaus auch als Treibmittel für Aerosole, Lösungsmittel und Schäume verwendet.

Nomenklatur

Um für den technischen Gebrauch nicht immer mit den komplizierten chemischen Bezeichnungen dieser Verbindungsklasse arbeiten zu müssen, hat man eine einfache und, wie die Praxis gezeigt hat, sehr zweckmäßige *Nomenklatur* geschaffen. Die Verbindungen können durch 2 oder 3 Ziffern — im Anschluß an das Warenzeichen — eindeutig gekennzeichnet werden. Die letzte (rechte) Ziffer nennt die Anzahl der Fluoratome. Die vorletzte Ziffer gibt die um eins vermehrte Zahl der Wasserstoffatome an. Ist sie also 1, so enthält die Verbindung keinen Wasserstoff, ist sie 2, so ist ein Wasserstoffatom vorhanden. Die dritte (linke) Ziffer bedeutet die um 1 verminderte Anzahl der Kohlenstoffatome. Bei den Äthanderivaten ist diese Ziffer $2-1=1$, bei den Methanderivaten ist sie $1-1=0$ und wird ausgelassen, so daß sich für die Methan-Verbindungen zweistellige Zahlen ergeben. Alle übrigen Atome der Molekel sind als Chlor-Atome anzusehen.

Letzte Ziffer = F-Atome
Vorletzte Ziffer − 1 = H-Atome
Drittletzte Ziffer + 1 = C-Atome

Das Dichlor-difluor-methan CCl_2F_2 erhält demnach die Chiffre F 012 oder einfach F 12.

In der Äthan-Reihe ist die Bezifferung nicht mehr eindeutig, weil sie die möglichen Isomere unberücksichtigt läßt. So kann F 114 (4 F-Atome, kein Wasserstoff-Atom, 2 Kohlenstoff-Atome, 2 Chlor-Atome)

$$CClF_2\text{-}CClF_2 \quad \text{oder} \quad CF_3\text{-}CCl_2F$$

sein.

Bei den Propan-Derivaten mit ihren noch zahlreicheren Isomeren wird das System unbrauchbar.

Cyclische Verbindungen werden durch ein C vor der Zahl gekennzeichnet, z. B. erhält der Vierring

$$\begin{array}{c} CF_2{-}CF_2 \\ | \quad\quad | \\ CF_2{-}CF_2 \end{array}$$

die Chiffre C 318.

Warenzeichen

Die Fluorkohlenwasserstoffe werden je nach Herstellerfirma unter verschiedenen (geschützten) Markenbezeichnungen in den Handel gebracht.

Gemäß einer internationalen Vereinbarung wählt man die Bezeichnung R mit der entsprechenden Bezifferung dann, wenn es sich lediglich darum handelt, eine Kurzbezeichnung zu wählen, ohne daß der Stoff in Verbindung mit der Herstellerfirma genannt werden soll.

Allgemeine Eigenschaften

Die als Kältemittel in den Handel gebrachten Fluorkohlenwasserstoffe sind nicht brennbar und bilden mit Luft in beliebiger Zusammensetzung auch keine explosiven Gemische. Sie haben sogar eine ausgesprochen *feuerlöschende* Wirkung, die etwa der des Tetrachlorkohlenstoffs gleichkommt. Die Kältemittel sind praktisch ungiftig, reizen die Schleimhäute nicht und sind in Konzentrationen bis zu etwa 20 Vol.-% in Luft geruchlos. Einen außerordentlich hohen Grad von Sicherheit bieten sie durch

Land	Hersteller	Warenzeichen
Deutschland	Farbwerke Hoechst AG	Frigen®
Deutschland	Kali Chemie Hannover	Kaltron®
DDR	VEB Fluorwerke Dohna	Fridohna®
USA	DuPont de Nemours Inc.	Freon®
USA	Allied Chemical	Genetron®
USA	Pensalt Chemicals Equipment	Isotron®
USA	Union Carbide Corp.	Ucon®
England	Imperial Chemical Industries Ltd.	Arcton®
England	Imperial Smelting Ltd.	Isceon®
Frankreich	Electrochimie Ugine	Forane®
Frankreich	Pechiney, Saint Gobain	Flugene®
Italien	Montecatini	Algofrene®
Italien	Sic Edison	Edifrene®
Japan	Osaka Metal	Daiflon®

ihre sehr geringe *Toxizität*. Eingehende Untersuchungen haben gezeigt, daß Versuchstiere, die an fünf aufeinanderfolgenden Tagen für jeweils 7 bis 8 Stunden eine Luft mit einem Zusatz von 20 Vol.-% Difluordichlormethan einatmen mußten und die in weiteren 12 Wochen jeweils 4 Stunden an Wochentagen unter gleichen Bedingungen gehalten wurden, weder akute noch chronische Schäden erlitten haben [2)].

Die Fluor enthaltenden Kältemittel gehören zu den stabilsten organischen Verbindungen. Monofluor-trichlormethan (R 11) z.B. wird erst bei 200 °C an einer Stahloberfläche in geringem Umfang (jährlich etwa 2%) thermisch zersetzt. Difluor-dichlormethan (R 12) zeigt selbst bei 500 °C noch keine Zersetzung.

Bemerkenswert ist auch die *Hydrolysebeständigkeit*, wobei die Typen höheren Fluorgehaltes, z.B. R 12, R 13, R 114 stabiler sind als diejenigen bei denen die Zahl der Fluoratome geringer ist als die der Chloratome, z.B. R 11 oder R 21.

Die wichtigsten Kältemittel

1. Monofluor-trichlormethan *$CFCl_3$* *R 11*

Kp + 23,77 °C, E.P. −111 °C, Mol.-Gew. 137,38
Krit. Temp. 198,0 °C, krit. Druck 44,6 kg/cm^2
Spez. Gewicht der Flüssigkeit bei 20 °C = 1,49
40 °C = 1,443

R 11 eignet sich infolge seines hohen Molekulargewichtes besonders zum Einsatz in ein- oder mehrstufigen Turbokompressoren für große Leistungen.

2. Difluor-dichlormethan CF_2Cl_2 *R 12*

Kp −29,80 °C, E.P. −158 °C, Mol.-Gew. 120,92
Krit. Temp. 111,5 °C, krit. Druck 40,879 kg/cm²
Spez. Gewicht der Flüssigkeit bei 20 °C = 1,329
40 °C = 1,255

R 12 hat von allen Typen das weiteste Anwendungsgebiet, zu dem in erster Linie die *Haushaltskühlschränke* und die Vielzahl der kleingewerblichen Kühlanlagen aller Art im Lebensmittelhandel sowie die Anlagen zur Luftkühlung und Klimatisierung gehören.

Die Leistungen der mit R 12 betriebenen Kältemaschinen reichen von kleinsten PS-Bruchteilen in Roll-, Dreh- oder Schwingkolbenverdichtern über mittlere Leistungen in Ein- und Mehrzylinderkompressoren bis zu mehreren hundert PS. Daneben findet R 12 auch zur Wärmeerzeugung nach dem Prinzip der Wärmepumpe Verwendung.

Monofluor-trichlormethan und Difluor-dichlormethan werden stets gemeinsam durch Umsetzung von Tetrachlorkohlenstoff mit Fluorwasserstoff erhalten, z.B.:

$$2\,CCl_4 + 3\,HF \longrightarrow CFCl_3 + CF_2Cl_2 + 3\,HCl$$

Zwei Verfahren stehen zur Verfügung: ein Flüssigverfahren unter Druck und ein druckloses Gasphasenverfahren. Die Fluorierung unter Druck erfolgt im Autoklaven in Gegenwart von Antimonchlorid als Katalysator [3].

Eine frühe Ausführungsform zeigt das folgende Schema [4]. Man arbeitet heute kontinuierlich.

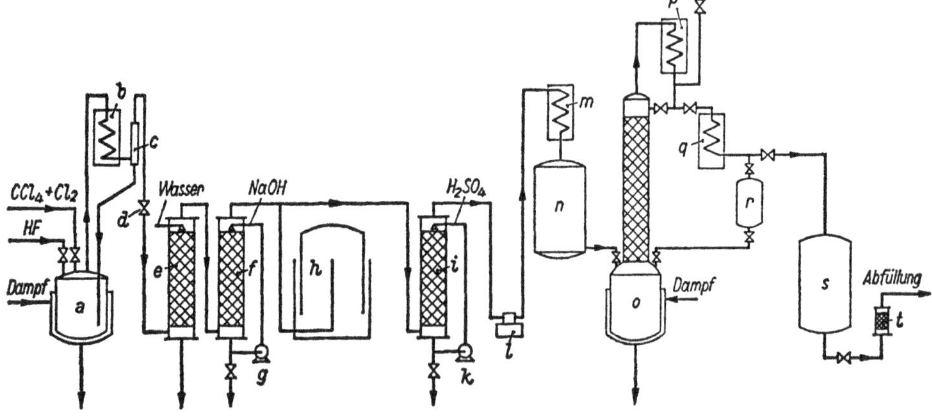

Herstellung von Difluor-dichlor-methan

a Autoklav; *b* Rückflußkühler; *c* Scheider; *d* Entspannungsventil; *e* Wasser-Waschturm; *f* Natronlauge-Waschturm; *g* Umwälzpumpe für Natronlauge; *h* Gasometer; *i* Schwefelsäure-Waschturm; *k* Umwälzpumpe für Schwefelsäure; *l* Kompressor; *m* Kühler; *n* Vorratsgefäß für rohes Frigen 12; *o* Destillierblase; *p* Dephlegmator; *q* Destillatkühler; *r* Vorlauf-Vorlage; *s* Behälter für reines Frigen 12; *t* Ätzkali-Filter.

Als Reaktionsgefäß dient ein Stahlautoklav *a*. Die Dichtungen sind aus Aluminium oder Kupfer. Der erste Ansatz besteht aus 200 kg Antimontrichlorid, 1540 kg Tetrachlorkohlenstoff, in welchem 20 kg Chlor gelöst sind, und 500 kg „wasserfreier" Flußsäure. Bei weiteren Ansätzen kann auf die Zugabe von $SbCl_3$ verzichtet werden, weil seine katalytische Wirksamkeit laufend erneuert wird. Man heizt auf 100 °C. Wenn der Druck nach etwa 2 h auf 30 atü gestiegen ist, beginnt man mit dem Abgasen durch das Ventil *d*. Die aus den Fluorierungsprodukten des Tetrachlorkohlenstoffs, Chlorwasserstoff und Fluorwasserstoff bestehenden Gase werden durch einen mit einem Kunststoff auf Polyvinylchloridbasis ausgekleideten und mit Graphitringen gefüllten Waschturm *e*, welcher mit Wasser berieselt wird, und anschließend durch einen mit Lauge berieselten Eisenturm *f* mit Porzellanringen geleitet, in einem dritten Turm *i* durch Berieseln mit konz. Schwefelsäure getrocknet und schließlich mit Hilfe eines Kompressors verflüssigt. Aus einem Ansatz erhält man 900 bis 1000 l flüssiges Rohprodukt, welches nun in einer Destillierblase *o* aus Eisen bei 6 bis 8 atü fraktioniert wird. Nach Abgasen der Luft nimmt man einen Vorlauf von 130 bis 250 kg (200 l) ab, der aus Trifluor-monochlor-methan und Difluor-dichlor-methan besteht und bei der Destillation des nächsten Ansatzes wieder mit eingesetzt wird. Die Hauptfraktion ergibt ca. 1090 kg reines Difluor-dichlor-methan.

Die Ausbeute an Difluor-dichlor-methan (Frigen 12) beträgt ca. 90% bezogen auf den Tetrachlorkohlenstoff, oder 80% bezogen auf Flußsäure. Monofluor-trichlor-methan (Frigen 11) fällt in Mengen von 5 bis 10% an.

Frigen 12 wird in Stahlflaschen mit 10 bis 90 kg, Druckfässern mit 1000 kg und Tankwagen mit 5 und 10 t Inhalt versandt.

Nach neueren Verfahren wird die Reaktion auch in der Gasphase über fest angeordneten Katalysatoren durchgeführt, wobei je nach Wahl der Reaktionsbedingungen ein variables Gemisch von R 11 und R 12 erhalten werden kann. Als Katalysatoren werden Aluminiumfluorid bzw. Gemische von Aluminiumfluorid mit Magnesiumfluorid benutzt [5].

3. Trifluor-chlormethan *CF_3Cl* *R 13*

Kp —81,4 °C, E. P. —181 °C, Mol.-Gew. 104,46
Krit. Temp. 28,8 °C, krit. Druck 39,36 kg/cm^2
Spez. Gewicht der Flüssigkeit bei 20 °C = 0,929

CF_3Cl dient hauptsächlich zur Erzeugung sehr tiefer Temperaturen von etwa —70 °C bis —100 °C und tiefer.

Trifluor-chlormethan kann als Hauptprodukt neben Difluor-dichlor-methan und Fluor-trichlormethan aus Tetrachlorkohlenstoff und Fluorwasserstoff unter Verwendung eines Festbettkatalysators aus Aluminiumfluorid gemischt mit Kupferfluorid bei 450—500 °C erhalten werden.

Ähnliche Ergebnisse werden mit einem Katalysatorgemisch aus Aluminiumfluorid und Nickel-, Kobalt- oder Chrom(III)-fluorid im Fließbettverfahren erzielt [6].

4. Trifluormethan CHF_3 *R 23*

Kp —82,2 °C
Krit. Temp. 32,3 °C, krit. Druck 50,5 kg/cm^2
Spez. Gewicht der Flüssigkeit bei 20 °C = 1,19

R 23 unterscheidet sich in seinem thermodynamischen Verhalten nur wenig von R 13.

R 23 wird durch Fluorierung von Chloroform unter Verwendung von Chromoxyfluorid als Katalysator hergestellt [7].

5. Monofluor-dichlor-methan $CHFCl_2$ *R 21*

Kp +8,92 °C, E. P. —135 °C, Mol.-Gew. 102,93
krit. Temp. 178,5 °C, krit. Druck 52,7 kg/cm^2
Spez. Gewicht der Flüssigkeit bei 20 °C = 1,38
40 °C = 1,35

Wegen seines verhältnismäßig hoch liegenden Siedepunktes eignet es sich für solche Raumluftkühlanlagen und Klimageräte, bei denen sehr hohe Kondensationstemperaturen auftreten, z.B. bei der Kühlung von Kranführerkabinen in Hütten- und Walzwerken. R 21 wird neben R 22 in einem gemeinsamen Prozeß erhalten.

6. Difluor-chlor-methan CHF_2Cl *R 22*

Kp —40,80 °C, E. P. —160 °C, Mol.-Gew. 86,48
Krit. Temp. 96,0 °C, krit. Druck 50,33 kg/cm^2
Spez. Gewicht der Flüssigkeit bei 20 °C = 1,213
40 °C = 1,132

Dieses Kältemittel gewinnt mehr und mehr an Bedeutung für die Tiefkühlung und das Schnellgefrieren von Lebensmitteln (—20 °C bis —40 °C) und darüber hinaus für die Erzeugung von Temperaturen bis etwa —65 °C. Bemerkenswert ist die gegenüber R 12 um 60% höhere volumetrische Kälteleistung von R 22, wodurch es in Fällen, wo nur begrenzter Raum zur Verfügung steht, wie z.B. im Schiffbau, bevorzugt angewandt wird.

R 22 wird aus Chloroform mittels Fluorwasserstoff in Gegenwart von Antimonhalogeniden dargestellt.

Ein Gemisch aus 400 Teilen Antimonpentachlorid, 20 Teilen Antimontrichlorid und 500 Teilen Chloroform werden in einen Autoklaven gefüllt und auf 70 °C angeheizt. Es wird gleichzeitig ein Gemisch aus 50 Teilen Fluorwasserstoff und 140 Teilen Chloroform pro Stunde zugegeben. Es stellt sich ein Druck von etwa 8 Atm. ein. Das Reaktionsgemisch, im wesentlichen bestehend aus Chlorwasserstoff, Monofluordichlormethan (R 21), Difluorchlormethan (R 22) und nicht umgesetztem Chloroform wird über einen auf 20 °C gehaltenen Rückflußkühler entnommen und in einem nachgeschalteten System von Wäschen und Fraktionierkolonnen getrennt.

7. Trifluor-trichloräthan $CF_2Cl\text{-}CFCl_2$ *R 113*

Kp +47,57 °C, E. P. −35 °C, Mol.-Gew. 187,39
Krit. Temp. 214,1 °C, krit. Druck 34,8 kg/cm^2
Spez. Gewicht der Flüssigkeit bei 20 °C = 1,582
40 °C = 1,532

Wegen seines hohen Siedepunktes und großen Molekulargewichtes eignet sich dieses Sicherheitskältemittel besonders zum Einsatz in Turbokompressoren mit Leistungen ab 75000 kcal/Stunde.

8. Tetrafluor-dichloräthan $CF_2Cl\text{-}CF_2Cl$ *R 114*

Kp +3,55 °C, E. P. −94 °C, Mol.-Gew. 170,93
Krit. Temp. 145,7 °C, krit. Druck 33,3 kg/cm^2
Spez. Gewicht der Flüssigkeit bei 20 °C = 1,473
40 °C = 1,415

Es eignet sich wegen seines hohen Molekulargewichtes für den Einsatz in Turbokompressoren bei Leistungen ab 300000 kcal/Stunde.

Trifluor-trichloräthan und Tetrafluor-dichloräthan werden aus Hexachloräthan durch Umsetzung mit Fluorwasserstoff erhalten, wobei sie beide nebeneinander entstehen. Nach älteren Verfahren setzt man Hexachloräthan in Gegenwart von Antimonkatalysator mit Fluorwasserstoff um [8)].

Nach einem neueren Verfahren kann man, ausgehend von Tetrachloräthylen und Chlor, die Fluorierung mit Fluorwasserstoff in der Gasphase unter Verwendung nicht flüchtiger Chromoxyfluorid-Katalysatoren in kontinuierlicher Arbeitsweise durchführen.

Man verfährt z.B. folgendermaßen: 652 g würfelförmiges Chromoxyhydratgrün werden in einem Nickelrohr unter Durchleiten von Fluorwasserstoff in 40 min auf 420 °C erhitzt und anschließend innerhalb 140 min auf 350 °C gekühlt. Über diesen so vorbereiteten Katalysator werden in 6 h bei 300 °C 360 g Fluorwasserstoff, 956 g Perchloräthylen und 356 g Chlor geleitet.

Man erhält ein Gemisch aus

13% d.Th. Tetrafluor-dichloräthan R 114,
48% d.Th. Trifluor-trichloräthan R 113,
18% d.Th. Difluor-tetrachloräthan R 112,
13% d.Th. Tetrachloräthylen.

R 112 und Tetrachloräthylen können erneut in Reaktion gegeben werden.

Das Verhältnis R 113:R 114 kann durch Veränderung der Versuchsbedingungen variiert werden, daß 20 bis 70% R 113 bzw. 60 bis 5% R 114 erhalten werden [9].

9. Pentafluorchloräthan $CF_3 \cdot CF_2Cl$ *R 115*

Kp −38 °C, E. P. −106 °C, Mol.-Gew. 154,48
krit. Temp. 80 °C, krit. Druck ca. 33 kg/cm²

R 115 ist erst in neuerer Zeit zugänglich geworden. Es ist als Kältemittel anstelle von R 22 vorgeschlagen worden [10]. Seine große chemische Stabilität und die sehr geringe Toxizität sind auf den hohen Fluorgehalt zurückzuführen. Die Verbindung wird durch Fluorierung von Hexachloräthan unter Verwendung von Chromoxyfluorid-Katalysatoren erhalten [7].

10. Octafluorcyclobutan C_4F_8 *R C 318*

Kp −6,24 °C, E. P. −40,2 °C, Mol.-Gew. 200
Krit. Temp. 115,39 °C, krit. Druck 28,602 kg/cm²

Octafluorcyclobutan besitzt eine ausgezeichnete chemische Stabilität und ist in die Gruppe der Verbindungen mit der niedrigsten Toxizität einzureihen. Sein hohes Molekulargewicht läßt es für den Einsatz in Turbokompressoren besonders geeignet erscheinen. Mit Mineralölen ist es praktisch nicht mischbar und auch nur in sehr geringem Maße in ihnen löslich.

Octafluorcyclobutan wird durch Dimerisierung von Tetrafluoräthylen erhalten [11].

$$CF_2{=}CF_2 \rightarrow \begin{array}{c} CF_2{-}CF_2 \\ | \quad\quad | \\ CF_2{-}CF_2 \end{array}$$

Nach einem neueren Verfahren kann Octafluorcyclobutan auch aus Tetrafluordichloräthan (R 114) hergestellt werden, wenn es kurzzeitig bei 590 °C über ein Nickelnetz geleitet wird [12].

III. Kältemittelgemische und Azeotrope

In dem Bemühen, mit einem Kältemittel einen möglichst hohen Wirkungsgrad in einer Kältemaschine zu erreichen, hat man versucht, Kältemittelgemische und Azeotrope einzusetzen. Kältemittelgemische etwa von R 11 und R 12 im Verhältnis 50:50 brachten aber keinen Vorteil.

Mit azeotropen Kältemittelgemischen dagegen konnten günstige Ergebnisse erzielt werden.

Azeotrope Kältemittelgemische sind dadurch charakterisiert, daß die im Gleichgewicht miteinander stehende Flüssigkeits- und Dampfphase die gleiche mengenmäßige Zusammensetzung aufweisen. Sie verhalten sich bei Verdampfung und Verflüssigung wie ein einheitlicher Stoff.

1. *Kältemittel R 500* wurde schon 1950 unter der Bezeichnung Carrene 7® als ein Spezialkältemittel der Fa. Carrier bekannt. Es handelt sich um ein Gemisch aus 73,8% R 12 (CF_2Cl_2) und 26,2% R 152 ($C_2H_4F_2$).

Kp —33,4 °C, E. P. —158,9 °C, Mol.-Gew. 99,29
Krit. Temp. 109,1 °C, krit. Druck 44,4 kg/cm^2

R 500 hat gegenüber R 12 eine um etwa 18—19% höhere volumetrische Kälteleistung.

2. *R 502* ist ein azeotropes Gemisch aus 48,4 Gew.-% R 22 (CHF_2Cl) und 51,2 Gew.-% R 115 (C_2F_5Cl).

Kp —45,6 °C, Mol.-Gew. 111,6
Spez. Gewicht der Flüssigkeit bei 20 °C = 1,26, bei 40 °C = 1,17

Seit etwa 1962 wird R 502, von USA ausgehend, in steigendem Maße hergestellt. Gegenüber R 22 liegt eine um ca. 10% vermehrte volumetrische Kälteleistung vor [13)].

Neuerdings wurden noch folgende weitere Azeotrope vorgeschlagen: Ein Gemisch aus 68,4 Gew.-% Pentafluorchloräthan und 31,6 Gew.-% Propan.

Kp —46,6 °C, Mol.-Gew. 86,2, krit. Temperatur 80,7 °C
krit. Druck 35,30 kg/cm^2

Dieses Kältemittel wird für hermetische Kompressoren empfohlen (K. V. Valbjorn, Danfoss A/S Nordborg, Denmark).

Ein Gemisch aus Difluormethan und etwa 13 bis 28 Mol-% Monochlorpentafluoräthan hat einen Siedepunkt von etwa —57,1 °C. Er liegt also ca. 5,5 °C unter dem von Difluormethan, der niedriger siedenden Komponente des Gemisches. Gemische dieser Art können bei Kühlanlagen geringer Größe verwendet werden [14].

Auch die Kombination von Difluormethan/Perfluorpropan mit einem Gehalt von 10—62 Mol-% Perfluorpropan (Kp —37,0 °C) bildet ein System, das einen Siedepunkt von —58,1 °C hat [15].

Schließlich sind noch Gemische von

60% Gew.-% 1.1.1.2-Tetrafluor-2-chloräthan und
40 Gew.-% Octafluorcyclobutan

und

69 Mol-% Pentafluorchloräthan und
31 Mol-% 1.1-Difluoräthan

vorgeschlagen worden [16].

Ein Gemisch aus

51 Gew.-% Trifluorchlormethan und
49 Gew.-% Trifluormethan

mit einem Siedepunkt von —88 °C wurde zur Kühlung von Reaktorköpfen nach dem Verdunstungsprinzip vorgeschlagen [17].

Wie weit sich diese Azeotrope in der Praxis durchsetzen werden, muß abgewartet werden.

IV. Aerosole

Die „*Aerosolverpackung*" ist der in den letzten Jahren allgemein gebräuchlich gewordene Sammelbegriff für den Zweig der Verpackungstechnik, der seine Produkte in leichten, druckfesten Einweg-Behältern zusammen mit einem Treibgas verpackt und mit einem Entnahmeventil verschließt. Durch Betätigung des Ventils tritt das Treibgas zusammen mit dem in ihm gelösten oder suspendierten Wirkstoff aus. Hierbei verdampft das Treibgas schlagartig und zersprengt das in ihm gelöste Produkt. Diese Verpackungstechnik wurde zuerst für die Zerstäubung von Insektiziden zu echten, in der Luft schwebenden Aerosol-Nebeln allgemein bekannt.

Wesentlicher Bestandteil einer Aerosolfüllung ist das *Treibmittel*, für welches sich theoretisch alle verflüssigten Gase eignen würden, deren Siedepunkt tief genug liegt, um bei Raumtemperaturen einen ausreichenden Druck zu entwickeln. Aus Sicherheitsgründen bevorzugt man solche Treibmittel, die praktisch ungiftig, unbrennbar, nicht reizend und geruchlos sind. Diese Forderungen werden weitgehend von den als Sicherheitskältemitteln bekannten Fluor-chlor-kohlenwasserstoffen erfüllt, die wir bereits als Kältemittel kennengelernt haben. Ihren Eigenschaften ist es zu verdanken, daß die Aerosoltechnik in den letzten Jahren den ungeheuren Aufschwung genommen hat.

Nach der Anwendungsform lassen sich die Aerosolprodukte im wesentlichen in drei Gruppen aufteilen:

1. Die eigentlichen Aerosole, bei denen eine feinste Verteilung eines Wirkstoffs in der Raumluft erzielt werden soll, um dort als Schwebeteilchen mit großer Oberfläche zu wirken, wie beispielsweise Insektizide, Raumluftverbesserer, Desinfektionsmittel, Duftstoffe.

2. Die Sprühprodukte, deren Teilchen gröber sind und eine Oberfläche benetzen sollen, wie es bei Fixativen, Lacken, Politurmitteln, Sonnenschutzölen, Haarlacken u.a.m. gewünscht wird.

3. Die Schaumprodukte, bei denen das Treibgas die Aufgabe hat, eine Emulsion beim Austritt aus dem Ventil in einen gebrauchsfertigen Schaum zu verwandeln, wie beim Rasierschaum, bei Haarwäsche oder Reinigungsschäumen.

Der Anteil des Treibmittels schwankt je nach Typ zwischen 10 und 80 Prozent.

Der Druck in der Aerosolpackung wird im allgemeinen auf 2,5 bis 3 Atü eingestellt (bei Raumtemperatur). Das geschieht durch Auswahl entsprechender Typen von Fluorkohlenwasserstoffen bzw. ihrer Mischungen.

Um die Wirkstoffe mittels Treibgas einwandfrei zerstäuben oder versprühen zu können, ist es unerläßlich, daß beide im Aerosolbehälter eine homogene Lösung oder eine Suspension bzw. Emulsion bilden. Das Lösevermögen des Treibgases für die verschiedenen Wirkstoffe ist deshalb von großer Wichtigkeit.

Zwischen den einzelnen Fluorverbindungen bestehen gewisse Unterschiede im *Lösevermögen*, bedingt durch ihre chemische Konstitution. Die noch Wasserstoff enthaltenden Typen, z.B. R 21, R 22, vermögen polare Stoffe besser zu lösen, als die reinen Halogenverbindungen, die in ihrem Lösevermögen eine gewisse Ähnlichkeit mit den Chlorkohlenwasserstoffen haben.

Aufbauend auf den Erfahrungen aus anderen Gebieten hat sich in den letzten Jahren die *pharmazeutische Industrie* verstärkt mit Treibgasaerosolen beschäftigt. Diese Anwendungsform hat Vorzüge: Bequeme und rasche Anwendung an schwer zugänglichen Hautpartien, Vermeidung von Infektionen, da die Medikamente nicht mit den Händen in Berührung kommen, bessere und gleichmäßigere Verteilung der Wirkstoffe und gute Dosierung durch Verwendung von Dosierventilen. Besonders gute Ergebnisse wurden mit Inhalationsaerosolen erhalten.

Die wichtigsten, in der Aerosoltechnik gebräuchlichen Verbindungen sind:

Monofluor-trichloräthan	$CFCl_3$	R 11
Monofluor-dichlormethan	$CHFCl_2$	R 21
Difluor-dichlormethan	CF_2Cl_2	R 12
Difluor-monochlormethan	CHF_2Cl	R 22
Tetrafluor-dichloräthan	$CF_2Cl\text{-}CF_2Cl$	R 114
Difluor-chlor-äthan	$CF_2Cl\text{-}CH_3$	R 142
Octafluorcyclobutan	C_4F_8	R C 318

Zur Korrosions-Verhütung setzt man den Zubereitungen, die bei Verwendung von Alkoholen R 11 als Treibmittel enthalten, 0,1 bis 0,5% Nitromethan zu [18].

Über die *wirtschaftliche Bedeutung* des Aerosolmarktes informiert ein Artikel in der Zeitschrift „Fette-Seifen-Anstrichmittel" [19].

Insgesamt sind demnach in USA und Westeuropa bereits 1966 rund 2,6 Milliarden Aerosoldosen hergestellt worden.

Anteile der Aerosol-Anwendungsgebiete

	Deutschland		Westeuropa	Nordamerika
	1967	1966	1966	1966
1. Haarpflegemittel	50,0	51,9	43,0	22,3
2. And. Kosmetika	18,8	14,8	10,0	26,1
3. Insektizide und Pflanzenschutzmittel	5,4	5,7	18,0	5,2
4. Raumsprays	4,2	3,8	7,0	7,7
5. Schuhpflege	4,6	4,8		
6. Andere Haushalts-produkte	3,3	3,2	10,0	22,4
7. Farben und Lacke	4,6	4,8	2,0	9,1
8. Autopflegemittel u. techn. Produkte	3,7	4,8	2,0	2,5
9. Pharmazeutika	3,7	3,8	3,0	2,1
10. Sonstige Produkte	1,7	2,4	5,0	2,6*)
	100,0	100,0	100,0	100,0
Gesamtz. der Packg. in Mio.	240	210	826	1.765

*) „non food" Aerosole

Interessant ist auch die Pro-Kopf-Produktion:

Pro-Kopf-Produktion und Wachstum 1960/1967

	Aerosol-Packungen pro Kopf der Bevölkerung			Wachstums-faktor
	1960	1966	1967	1960—1967
Belgien	0,3	1,3	1,6	5
BRD	0,7	3,5	4,0	6
Dänemark	0,4	1,5	1,6	4
Finnland	0,3	2,2	2,5	8
Frankreich	0,5	3,5	3,7	8
Griechenland	0,1	0,2	0,4	31
Großbritannien	0,9	2,9	3,2	4
Irland	0,1	1,0	1,1	16
Italien	0,5	2,1	2,2	5
Niederlande*)	0,4	3,6	4,4	12
Norwegen	0,4	1,6	2,1	5
Österreich	0,6	2,5	2,6	5
Portugal	0,04	0,2	0,4	10
Schweden	0,6	2,7	2,9	5
Schweiz	0,8	5,8	7,0	9
Spanien	0,02	0,5	0,8	42
Westeuropa	0,5	2,5	2,9	5,7
USA**)	3,9	8,9	10,0	2,8

*) einschließlich hoher Exportquote
**) einschließlich „food Aerosole", ohne Kanada

Die den Sprays gestellten Prognosen sind günstig. Im Jahre 1970 rechnet man in Westdeutschland mit einer Produktion von 350 Mio. Dosen, in Westeuropa mit 1,2 Milliarden. Für die USA werden für 1971 sogar 2,759 Milliarden und 1975 3,685 Milliarden Aerosoldosen angenommen.

V. Polyurethan-Verschäumung

Für bestimmte Zwecke werden Kunststoffe benötigt, die einerseits ein geringes Raumgewicht besitzen, andererseits aber auch mechanische Festigkeit aufweisen.

Die Schaumkunststoffe erfüllen diese Forderungen in weitem Maße und werden deshalb in immer größerem Umfange in der Technik benutzt. Eine besonders wichtige Rolle spielen hierbei Reaktivkunststoffe, besonders die Polyurethane.

Der Vorzug der Polyurethane für die Verschäumung besteht darin, daß der Schaum direkt bei der Kunststoffbildung aus den Rohstoffen durch Zusatz eines Treibmittels erzeugt wird. Dadurch ist es möglich, den Schaum am Ort der Verwendung herzustellen und sogar komplizierte Formen und beliebige Abmessungen direkt ohne kostspielige Maschinen auszuschäumen.

Polyurethankunststoffe entstehen durch Reaktion eines mehrwertigen Alkohols („Polyol") mit einem monomeren, bifunktionellen Isocyanat. Gleichzeitig mit der Kunststoffbildung muß die Verschäumung einsetzen. Dafür nutzt man die große Reaktionsfähigkeit des Isocyanats aus, indem man es mit Wasser zur entsprechenden Carbaminsäure reagieren läßt. Die Carbaminsäure zerfällt bei erhöhter Temperatur in CO_2 und Amin. Dieses Amin reagiert nochmals mit einem Mol Isocyanat zu einem Harnstoffderivat. Pro Mol Wasser werden also 2 Mol Isocyanat verbraucht.

Das CO_2 treibt die durch Polyaddition schon etwas plastische Masse auf, wobei das CO_2 die Bildung *offener* Zellen durch Zerreißen der Zellwände im Moment der Aushärtung des Kunststoffgerüstes begünstigt. Man erhält nach dieser Methode im allgemeinen einen Weichschaum, wie er hauptsächlich für Polstermöbel benötigt wird. Wünscht man einen *Hartschaum*, so muß vermieden werden, daß die Zellen des aufschäumenden Kunststoffes zerrissen werden.

Dieser Effekt wird durch Verwendung von Monofluortrichlormethan (R 11, Kp + 23,7 °C) erreicht. Er beruht darauf, daß die bei der Polyaddition freiwerdende Wärmemenge zum Verdampfen des R 11 ausgenutzt wird. Das verdampfte R 11 treibt das Reaktionsgemisch auf. Man erhält einen Schaum mit 90 bis 95% geschlossenen Zellen, einen Hartschaum.

Harte Polyurethanschaumstoffe werden vor allem als Wärme-Kälte-*Isolationsmittel* bei Kühlmöbeln, Kühlräumen, Rohrleitungen, Behältern und Bauelementen, sowie als Verpackungsmaterial und als Oberflächenschutz eingesetzt.

Die Einsatzmengen von R 11 bei Polyurethanhartschäumen betragen 30 bis 60%, bezogen auf das Polyol.

Das in den Zellen eingeschlossene R 11 verbleibt im wesentlichen darin. Die Wärmeleitzahl eines solchen Hartschaumes ist bei 20 °C niedriger als 0,022 kcal/mhgrd C (bei anderen üblichen Isolierstoffen 0,030 kcal/mhgrd C).

Ersetzt man einen Teil des Treibmittels R 11 durch R 12 (Kp —29,8 °C), dann tritt infolge des rascheren Verdampfens schon beim Austritt des Rohstoffgemisches eine „Vorverschäumung“ ein. (In der angelsächsischen Literatur „Frothing-Verfahren“ genannt.)

Unter Zusatz von R 12 hergestellte Formteile zeichnen sich durch bisher unerreicht gleichmäßige Raumgewichte und Homogenität aus. Die Herstellung dünnerer Platten und Formteile wird hierdurch möglich. Je nach den gewünschten Effekten werden 10 bis 50% des R 11 durch R 12 ersetzt.

Aus technischen Gründen ist es mitunter erforderlich, Rohmaterial und Verschäumungstemperaturen zu wählen, bei denen der Dampfdruck von R 11 zu Störungen während der Verschäumung führt. In solchen Fällen hat es sich bewährt, einen Teil des R 11 durch R 113 (Kp 47,6 °C) zu ersetzen. Die Polyurethanverschäumung befindet sich in einer stürmischen Entwicklung [20].

Während 1964 in den USA der Verbrauch an Polyurethanschaum 110000 t (davon 24300 t Hartschaum) in der EWG und Großbritannien 100850 t (davon 9150 t Hartschaum), zusammen also 210850 t (davon 33450 t Hartschaum) betrug, wird er 1970 in den USA auf 320000 t (davon 150000 t Hartschaum) und in der EWG + Großbritannien 309000 t (davon 208000 t Hartschaum), zusammen also 629000 t (davon 358000 t Hartschaum) steigen. Da für Weichschäume an R 11 nur 1 bis 2% benötigt werden, dagegen bei Hartschäumen etwa 15 bis 20%, sollen nur die letzteren berücksichtigt werden. 358000 t Hartschaum würden bei 15% Einsatz 54000 t R 11 benötigen. Da 1965 nach Oil Paint & Drug vom Januar 1966 in der Welt 20000 t Schaumtreibmittel verbraucht wurden, ist bei der Polyurethanverschäumung für R 11 für die Zukunft eine recht günstige Absatzentwicklung zu erwarten.

VI. Feuerlöschmittel

Das Feuerlöschwesen hat durch die moderne Chemie in vieler Hinsicht eine Wandlung erfahren. Der Umgang mit großen Mengen leicht brennbarer Flüssigkeiten, die mit Wasser nur schlecht zu löschen sind, führte schon vor längerer Zeit zur Entwicklung verbesserter Löschverfahren und auch neuer Löschmittel, z.B. Pulver- und Luftschaum.

Diese Löschmittel werden neuerdings noch durch Verbindungen aus der Gruppe der Halogenkohlenwasserstoffe — „*Halone*" — ergänzt. Die bekanntesten unter ihnen, Tetrachlorkohlenstoff und Methylbromid, sind jedoch wegen ihrer Giftigkeit in ihrer Anwendung stark eingeschränkt, bzw. in einigen Ländern verboten.

Neue Möglichkeiten ergaben sich durch die Anwendung von Fluorbromverbindungen. Die wichtigsten Typen aus dieser Reihe sind: Difluorchlor-brommethan (Halon 1211) und Trifluor-brommethan (Halon 1301).

Difluor-dibrommethan CF_2Br_2

Halon 1202, Mol-Gew. 209,8, Kp 24,5 °C, E. P. −141,6 °C
Dichte der Flüssigkeit bei 20 °C = 2,29 kg/l
Krit. Temp. 198,2 °C, krit. Druck 42,2 kg/cm^2

und

Tetrafluor-dibromäthan $CF_2Br\text{-}CF_2Br$

Halon 2402, Mol-Gew. 259,9, Kp 47,5 °C, E. P. −110,4 °C
Dichte der Flüssigkeit bei 20 °C = 2,18
Krit. Temp. 214,5 °C, krit. Druck 24,8 kg/cm^2

sind vorerst Versuchsprodukte.

Difluor-chlor-brommethan CF_2ClBr

Halon 1211, Mol-Gew. 165,4, Kp −4,0 °C, E. P. −160 °C
Dichte der Flüssigkeit bei 20 °C = 1,834
Krit. Temp. 154 °C, krit. Druck 41,8

Difluor-chlor-brommethan wird durch Bromierung von Difluor-chlormethan erhalten.

Ein gasförmiges Gemisch von 112 Gewichtsteilen Difluorchlormethan/h und 420 Gewichtsteilen Brom/h (Molverhältnis 1:2) werden durch ein Rohr aus gesintertem Aluminiumoxid geleitet, das einen inneren Durchmesser von 2,6 cm hat und auf eine Länge von 50 cm von außen mittels eines elektrischen Ofens auf 560 °C geheizt wird. Die austretenden Gase werden durch Wasser und anschließend durch eine alkalische Natriumsulfit-Lösung geleitet, wobei Halogenwasserstoff und nicht umgesetztes Brom absorbiert werden. Das restliche Gasgemisch wird durch Kälte verflüssigt und durch fraktionierte Destillation getrennt. Der Umsatz von Difluor-chlormethan beträgt 91%, die Ausbeute an Difluor-chlor-brommethan bezogen auf umgesetztes Difluor-chlormethan 91% [21)].

Trifluor-brommethan CF_3Br

Halon Nr. 1301, Mol-Gew. 148,93, Kp −57,8 °C, E. P. −143,2 °C
Dichte der Flüssigkeit bei 20 °C = 1,575
krit. Temp. 67,1 °C, krit. Druck 40,4 kg/cm²

Trifluorbrommethan wird durch Bromierung von Trifluormethan erhalten. Eine gasförmige Mischung von 540 g R 23/h und 1880 g Brom/h (Molverhältnis 1:1,5) wird bei 750 °C durch ein mit Aluminiumoxid ausgekleidetes Rohr (Durchmesser ca. 40 mm, Länge ca. 2000 mm) geleitet. Durch eine nachgeschaltete Wasser- und Natronlauge/Sulfit-Wäsche werden das überschüssige Brom und der Bromwasserstoff entfernt. Man erhält pro Stunde 830 g Trifluorbrommethan. Dies entspricht einem Umsatz von 80% und einer Ausbeute von 90% bezogen auf eingesetztes Trifluormethan [22)]. Die bromierten Halone sind in den meisten organischen Flüssigkeiten löslich. Mit Lösungsmitteln, die mehrere Hydroxylgruppen enthalten, besteht nur begrenzte Mischbarkeit.

Trifluor-brommethan zeichnet sich durch weitgehende Indifferenz in physiologischer Hinsicht aus [23)].

Auch Difluor-chlor-brommethan ist praktisch ungiftig.

Eine merkliche Zersetzung tritt bei Difluor-chlor-brommethan erst bei etwa 700 °C, bei Trifluor-brommethan erst oberhalb 800 °C ein. Als Spaltprodukte findet man im ersten Fall hauptsächlich Brom und etwas Chlor neben höhermolekularen Halogenkohlenwasserstoffen. Bei Trifluor-brommethan entstehen praktisch nur Brom und Hexafluoräthan. Durch die starke Reizwirkung der Hauptzersetzungsprodukte (HBr und HF) wird man frühzeitig gewarnt, bereits dann, wenn noch keine Vergiftungsgefahr besteht.

Die *Löschwirkung* der Halone beruht auf dem sogenannten antikatalytischen Effekt. Man nimmt an, daß bei der spontan ablaufenden Reaktion zwischen der brennbaren Substanz und dem Luftsauerstoff Zwischenstufen dieser Reaktion durch Radikale der Halone abgefangen werden, so daß die Verbrennung gestoppt wird. Zur Erreichung dieses Effektes benötigt man wesentlich weniger Löschmittel als zum „Ersticken" eines Feuers notwendig ist.

Löscheinrichtungen mit bromierten Halonen sind überall dort von Vorteil, wo mit brennbaren, flammbildenden Stoffen wie Benzin, Benzol, Ölen, Fetten, Lacken, Teer, Äther, Alkohol, Schwefelkohlenstoff usw. umgegangen wird. Aufgrund ihres hohen spezifischen elektrischen Widerstandes eignen sich die Halone auch zum Löschen von Bränden in elektrischen Einrichtungen. Da sie aber vergleichsweise teuer sind, werden sie nur in Spezialfällen eingesetzt, z. B. in Passagierflugzeugen.

VII. Reinigungsmittel

Durch die Entwicklung neuer Fasern und moderner Ausrüstungsverfahren zur Verbesserung der Gebrauchs- und Trageeigenschaften von Textilien wurden auch höhere Anforderungen an die Chemischreinigung gestellt.

Die Anforderungen, denen ein Lösungsmittel für die Chemischreinigung genügen muß, sind vielseitig:

es soll den Schmutz lösen,
Verfärbungen und Flecken beseitigen
ohne das Gewebe anzugreifen oder den
Farbton zu ändern,
chemisch neutral,
geruchlos,
nicht feuergefährlich und
nicht giftig sein.

Mit der Entwicklung von fluorierten Chlorkohlenwasserstoffen hat die chemische Industrie Produkte geschaffen, die den Vorteil der Unbrennbarkeit der Chlorkohlenwasserstoffe als auch die wirksamen Löseeigenschaften von Benzin in sich vereinigen. Besonders vorteilhaft ist außerdem die physiologische Unbedenklichkeit der Verbindungen.

In der Praxis werden dem Reinigungsmittel ein hydrophiler Emulgator (Reinigungsverstärker) und eine geringe Menge Wasser zugesetzt, damit auch die in dem zu reinigenden Gut enthaltenen wasserlöslichen Verunreinigungen entfernt werden können.

Aus der Reihe der schon als Kältemittel bekanntgewordenen Verbindungen hat Monofluor-trichlormethan (R 11) Bedeutung für dieses Gebiet erlangt. Sein günstiges Korrosionsverhalten, seine gute Lösefähigkeit und sein physiologisches Verhalten lassen es besonders geeignet erscheinen (MAK-Wert 1000, mittlere narkotische Konzentration 335 g/m^3 Raumluft, bei den üblichen Chlorkohlenwasserstoffen liegt dieser Wert bei 33 g/m^3).

Der niedrige Siedepunkt, der günstige Dampfdruck und der geringe Wärmebedarf bei der Trocknung bringen einen wesentlichen Vorteil bei der Konstruktion der Reinigungsanlagen im Vergleich bei Verwendung der herkömmlichen Substanzen, z.B. Perchloräthylen.

Die gereinigte Ware braucht nicht nachgebügelt zu werden, da infolge der niedrigen Verdampfungstemperatur keine Verknitterung eintritt.

Neben dem R 11 spielt das Trifluor-trichloräthan (R 113) eine Rolle als Reinigungsmittel. Es wird unter dem Handelsnamen Valclene® (DuPont) bzw. Kaltron® DC (Kali-Chemie) vertrieben.

Trifluor-trichloräthan hat darüberhinaus noch Verwendung in der *Metall- und Kunststoff-Reinigung* gefunden. Spezielle Anwendungsgebiete sind die Reinigung von mechanischen Zählwerken, Uhren, gedruckten Schaltungen und die Filmreinigung. Es eignet sich hierfür besonders wegen seines guten Lösevermögens für Öle, Fette und Wachse. Auch in gesundheitlicher Hinsicht bestehen keine Bedenken (MAK-Wert 1000).

VIII. Fluorkohlenstoff-Öle, -Fette und -Wachse

DuPont stellte während des Weltkrieges II Öle und Schmierstoffe auf Fluorkohlenstoffbasis durch Umsetzung von aliphatischen Kohlenwasserstoffen mit höherwertigen Metallfluoriden, im wesentlichen Kobalttrifluorid, her. Die Produkte kamen nach dem Kriege unter der Bezeichnung Perfluorkerosene FCX und Perfluorolube Oil FCX in den Handel. Die Perfluorkerosene hatten eine durchschnittliche Zusammensetzung von $C_{12}F_{26}$ bis $C_{14}F_{30}$ und die Perfluorolube Oil $C_{20}F_{42}$ bis $F_{21}F_{44}$.

Sie wurden empfohlen als Imprägniermittel für Dichtungen und Packungen, als Manometerflüssigkeiten, als elektrische Isolieröle und als Weichmacher für Polytetrafluoräthylen [24].

Eigenschaften der Fluorkohlenstofföle von DU PONT

Bezeichnung	Siedebereich °C (mm)	durchschnittl. Zusammensetzung	durchschnittl. Mol.-Gew.	Dichte g/cm³ (°C)
Perfluorokerosene FCX-329	130—180 (760) 20—65 (10)	$C_{12}F_{26}$	645	1,922 (25)
Perfluorokerosene FCX-330	69—130 (10)	$C_{11}F_{30}$	738	1,994 (25)
Perfluorolube Oil FCX-512	70—240 (10)	$C_{20}F_{42}$	1038	2,059 (25)
Perfluorolube Oil FCX-412	130—240 (10)	$C_{21}F_{44}$	1126	2,076 (20)

Bezeichnung	n_D (°C)	Viscosität (Centistokes)			Viscosität (cP) 38 °C	Stockpunkt °C
		20 °C	60 °C	100 °C		
Perfluorokerosene FCX-329	1,3082 (20)	2,8	—	—	1,80	—29
Perfluorokerosene FCX-330	1,3171 (25)	19	3,5	—	7,69	—29
Perfluorolube Oil FCX-512	1,3369 (20)	1600	32	5,5	186,5	+ 7
Perfluorolube Oil FCX-412	1,3462 (25)	—	180	13	2610	+21

In der Nachkriegszeit wurden längerkettige Fluorchlorverbindungen dargestellt und als Öle und Schmierstoffe angeboten.

Man geht aus von Trifluorchloräthylen, das durch Telomerisation in Chloroform oder Sulfurylchlorid mit Radiakalstartern in niedermolekulare Polymere übergeführt wird, deren Instabilität, die durch Endgruppen und vorhandene Doppelbindungen bedingt ist, durch eine Nachbehandlung mit Chlortrifluorid beseitigt wird [25].

Auch die Crackung von Polytrifluorchloräthylen mit anschließender Nachfluorierung mit Chlortrifluorid ist vorgeschlagen worden [26].

Die Produkte kommen unter dem Namen Kel-F® Brand Oils and Waxes (Minnesota Mining & Manufacturing Comp.) auf den Markt. Sie zeichnen sich durch hohe chemische und thermische Wiederstandsfähigkeit aus. Schmier- und elektrische Eigenschaften sind ausgezeichnet [27].

Die Molekulargewichte reichen bis zu 10000. Die Konsistenz liegt im Bereich von leichten Ölen bis zu zähen Fetten und Wachsen.

Ein zwar kleines aber wichtiges Anwendungsgebiet haben diese Öle in den Tieftemperaturkälteanlagen gefunden. Vor allem sind ihre guten Schmiereigenschaften und ihre Mischbarkeit mit dem Kältemittel R 13 wichtig, das im Temperaturbereich von —60 bis —100 °C eingesetzt wird.

Ähnliche Eigenschaften bezüglich chemischer und thermischer Stabilität, elektrischer Eigenschaften und Widerstandsfähigkeit gegenüber Strahlung wie die Perfluorkerosene besitzen auch die unter dem Namen „Inerte Flüssigkeit" FC 43, FC 75, FC 77 und FC 78 von der 3 M-Company herausgebrachten Fluorchemikalien [28]:

FC 43 ist ein perfluoriertes Tributylamin der Formel $(C_4F_9)_3N$.

FC 75 und FC 77 sind perfluorierte cyclische Äther, ein Isomerengemisch der Bruttoformel $C_8F_{16}O$.

Diese Äther fallen bei der Elektrofluorierung von Octansäurefluorid nach *Simons* als Nebenprodukte an. Neben dem gewünschten Perfluoroctansäurefluorid (siehe Kapitel „Oberflächenaktive Fluorverbindungen") entsteht ein Mehrfaches dieser perfluorierten cyclischen Äther von wahrscheinlich 5- und 6-gliedrigen Ringen.

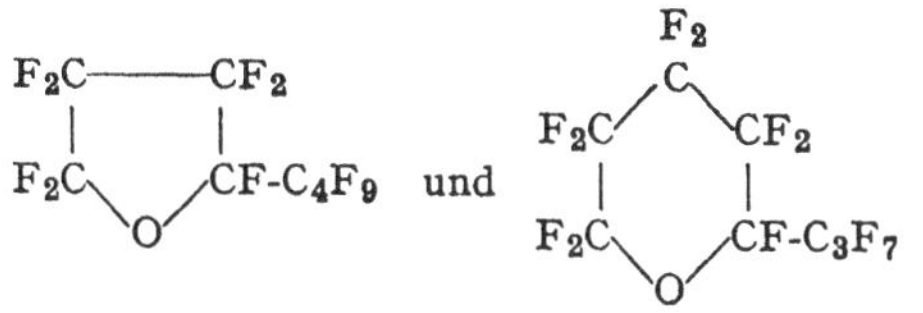

```
F2C———CF2                    F2
 |     |                     C
 |     |                F2C/   \CF2
F2C\  /CF-C4F9   und      |     |
    O                   F2C\   /CF-C3F7
                             O
```

Die Konstitution von FC 78 war nicht zu ermitteln.

Typische Eigenschaften

	FC-75	FC-43	FC-77	FC-78
Siedepunkt °C	ca. 102	ca. 174	97	50
Dichte bei 25 °C	1,77	1,88	1,79	1,71
Viscosität bei 25 °C (centistokes)	0,82	2,6	0,80	0,40
Durchschlagsfestigkeit bie 25 °C (kV/mm)	22,0	22,4	18,0	17,2
Dielektrizitätskonstante bei 25 °C und 1 kHz	1,86	1,90	1,86	1,81
Spezifische Wärme (kcal/kg · °C)	0,25	0,27	0,25	0,24
Verlustfaktor bei 25 °C				
1 kHz	$<$ 0,0005	$<$ 0,0005	$<$ 0,0003	$<$ 0,0003
3000 MHz	0,0065	0,0062	0,0074	0,0023
8500 MHz	0,0090	0,0036	0,0181	0,0050

FC 75 ist stabil in Gegenwart von Metallen bei Temperaturen bis über 400 °C. Die Durchschlagsspannung beträgt mehr als 35 kV, die Dielektrizitätskonstante ist 1,86 und der Verlustfaktor kleiner als 0,0005. Die Dämpfe sind außerordentlich dicht, bei einem Druck von einer Atmosphäre haben sie eine Durchschlagsspannung von ca. 35 kV. Wenn sie wiederholten Durchschlägen unterworfen werden, regenerieren Flüssigkeit und Dampf des FC-75 sich selbst. FC-75 wird durch Strahlung kaum verändert. Sogar 10^8 Gamma- oder Elektronenstrahlung haben nur eine sehr geringe Veränderung der Flüssigkeit zur Folge. FC-75 wird weder von starken Säuren, Alkalien, stark oxydierenden Agentien wie rauchender Salpetersäure, Ozon, flüssigem Sauerstoff, Wasserstoffperoxyd noch durch stark reduzierende Agentien angegriffen. F 75 hat eine extrem niedrige Oberflächenspannung, weniger als den halben Wert der meisten Kohlenwasserstoffe und weniger als ein Fünftel des Wertes von Wasser. Aus diesem Grund ist FC 75 in der Lage, alle Oberflächen mit Leichtigkeit zu benetzen und zu durchdringen.

Folgende Anwendungsbereiche kommen für FC-75 in Betracht: Dielektrische Kühlflüssigkeit für Hochleistungstransformatoren, elektronische Geräte, elektrische Generatoren und Motoren. In Verstärkerröhren und Kernenergiesystemen als Funkenlöschflüssigkeit, als Kühlflüssigkeit für Gasturbinen, als Instrumentenflüssigkeit u.s.w.

FC 43 besitzt neben chemischer Trägheit auch eine hohe Wärmestabilität. Sie kann bis 500° erhitzt werden, ohne daß Zersetzung eintritt. Kunstharze oder Kunststoffe werden durch FC 43 nicht angegriffen oder zum Quellen gebracht.

Fluorierte Kunststoffe bleiben bei Raumtemperatur unverändert, werden aber bei erhöhten Temperaturen zur Quellung gebracht. Der Anwendungsbereich ist ähnlich wie bei FC 75 und FC 77.

FC 78 zeigt nach 240 h bei 400 °C mit Kupfer, Nickel und rostfreiem Stahl nur Spuren von Säurebildung. Gegenüber Röntgen-, Gamma- und Elektronenstrahlung ist es weitgehend stabil. FC 78 ist ein sehr schwaches Lösungsmittel, ausgenommen gegenüber halogenierten organischen Flüssigkeiten.

FC 78 wird empfohlen als dielektrische Kühlflüssigkeit für die extremen unterschiedlichen Anforderungen der Elektronik-Industrie. Anwendungsbeispiele sind: Radartransmitter, Hochspannungstransformatoren, Laser, Computerspeicherkerne.

Auch als Prüfflüssigkeit für die Elektronik ist FC 78 verwendbar; vor allem dann, wenn die Prüfung bei einer bestimmten Temperatur durchgeführt werden soll oder wenn eine gute elektrische Isolation und gute Verträglichkeit zwischen Testflüssigkeit und Bauteil gefordert werden.

Die durch Telomerisation von Trifluorchloräthylen gewinnbaren Fluoröle sind heute teilweise überholt durch die *Perfluopolyäther* [29].

Tetrafluoräthylen kann mit 70% Ausbeute durch direkte Oxydation in das *Tetrafluoräthylenepoxid* überführt werden. Die Reaktion wird ausgeführt in einem flüssigen inerten Fluorkohlenwasserstoff bei 120 °C unter der Einwirkung von ultraviolettem Licht.

Die Oxydation von Hexafluorpropylen gelingt in alkalischem Wasserstoffperoxyd bei —30 °C. Die Ausbeuten an Epoxyd liegen bei 45%.

Die Polymerisation geschieht bei Temperaturen zwischen —50 °C und —25 °C. Man erhält zunächst Säurefluoride gemäß folgendem Schema

$$R_fCF{=}CF_2 \xrightarrow[H_2O_2]{O_2\ \text{oder}} R_fFC\overset{O}{\frown}CF_2 \xrightarrow{\text{Polymerisation}} F(-\underset{R_f}{CF}-CF_2O)_n-\underset{R_f}{CF}-COF$$

R_f: F, CF_3 n: 1—35

Durch Hydrolyse und anschließende Decarboxylierung erhält man Perfluorpolyäther mit endständigem Wasserstoffatom, durch eine decarboxylierende Fluorierung mit endständigem Fluoratom.

Nach *Montecatini-Edison* kann man durch eine photochemisch induzierte Reaktion zwischen Perfluorpropen und molekularen Sauerstoff direkt *Polyperfluorpropenoxid* erhalten.

Die Verbindungen zeichnen sich aus durch hohe Wärmebeständigkeit, chemische Inertheit, hohe Schmierfähigkeit und gutes Viscositätsverhalten bei Temperaturschwankungen, ausgezeichnetes elektrisches Isolationsvermögen, Beibehaltung des flüssigen Zustandes über einen weiten Temperaturbereich (der Siedebereich reicht von 80 °C bis 290 °C bei 0,05 mm Hg).

Die geringe Oberflächenspannung, der Viscositätsindex, der niedrige Stockpunkt und die chemisch-thermische Stabilität machen die Fluoröle zu guten Schmierölen und ausgezeichneten Ausgangsstoffen für Spezial-Schmierfette, auch bei höchster Beanspruchung in Anwesenheit von korrosiven Medien.

Einen Überblick über die wichtigsten Eigenschaften dieser Fluoröle gibt die folgende Tabelle:

Fraktion	Siedebereich bei 0,05 mmHg (mind. 90%iger Übergang) °C	nominale kinematische Viskosität bei 20 °C cSt	Viscosität-Temperatur Koeffizient $1-\frac{\text{cst bei } 210\ °F}{\text{cst bei } 100\ °F}$	Dichte bei 25/25 °C g/ml	Stock-Punkt °C ASTM D 97 · 47	Flüchtigkeit, % Gewichtsverlust in 24 h bei 150 °C
X 75/01	80—125	8	0,71	1,825	—100	100
X 125/03	115—170	25	0,78	1,855	— 70	90
X 175/08	160—215	80	0,84	1,875	— 45	23
X 225/15	190—250	150	0,86	1,885	— 35	1
X 275/25	230—290	250	0,86	1,890	— 30	0,45
XR/75	± 270	750	0,88	1,900	— 25	0,05

Die folgenden physikalischen Eigenschaften der Fluoröle sind praktisch für alle Fraktionen konstant:

Oberflächenspannung	bei 25 °C dynes/cm	21
Wärmeausdehnung	ml/ml/°C (Mittelwert zwischen 20 und 80 °C)	$0{,}25 \cdot 10^{-3}$

Einige besondere Eigenschaften sollen noch herausgehoben werden:

Elektrische Eigenschaften (gemessen am Fluoröl X 175/08)

	Methode	50 Hz	1000 Hz
Durchschlagsfestigkeit (kV/mm)	ASTM D 117	—	20—23
Dielektrizitätskonstante	ASTM D 150	2,25	2,27
Verlustfaktor	ASTM D 150	< 0,0001	< 0,0001

Spezifischer elektrischer Widerstand (Ohm/cm) $5{,}5 \times 10^{13}$

Die Dielektrizitätskonstante und der Verlustfaktor sind praktisch unabhängig von Frequenzen und Temperatur zwischen 20 °C und 100 °C.

Handelsname: Fómblin® Fluoröle (Montecatini-Edison) Freon E® Polyhexafluorpropylenoxid bis zum Polymerisationsgrad 10 (DuPont). Krytox® Polyhexafluorpropylenoxid von mittlerem Mol.-Gew.

IX. Produktion von aliphatischen Chlor-fluorkohlenwasserstoffen

Einen Begriff davon, welche technische Bedeutung die aliphatischen Chlorfluorkohlenwasserstoffe erreicht haben, gibt die folgende Tabelle[30].

	USA 1965 in 1000 t	Weltproduktion 1965 in 1000 t
Treibmittel	97	220
Kältemittel	60	100
Kunststoffe	23	40
Lösungsmittel	11	20
Schaumtreibmittel	9	20
	200	400

Danach wurden 1965 in den USA 200000 t Chlorfluorkohlenwasserstoffe produziert.

Im gleichen Zeitraum dürften in Europa rund 150000 t hergestellt worden sein. Die Gesamtproduktion der übrigen Welt außer USA dürfte bei 50000 t gelegen haben, so daß die Weltproduktion 400000 t betrug.

	Kapazitäten an Chlorfluorkohlenwasserstoffen 1967 (Schätzungen)		Produktion an Chlorfluorkohlenwasserstoffen 1967 (Schätzungen)
Nordamerika	382000		260000
Mittel- und Südamerika	7000		6000
Australien	8000		7000
Asien	38000		25000
Afrika	5000		3000
Westeuropa	285000		130000
Weltkapazität	725000	Weltprod.	431000 t

Über 50% wurden als Treibmittel und 25% als Kältemittel verwendet; 10% wurden auf Kunststoffe verarbeitet. Der Rest verteilt sich auf Lösungs- und Schaumtreibmittel. Wertmäßig entsprach das einem Umsatz von ca. 800 Mill. DM.

Für 1967 liegen keine genauen Angaben vor. Fest steht, daß in den vergangenen Jahren die Kapazitäten weiter erhöht wurden, die verkaufte Produktion dürfte sich gegenüber 1965 aber nur um etwa 8% erhöht haben.

X. Fluorkunststoffe

Der Start der Fluorkunststoff-Chemie fällt in das Jahr 1934. In diesem Jahre war bei den Farbwerken Hoechst gefunden worden, daß Trifluorchloräthylen und 1-Chlor-2.2-difluoräthylen polymerisiert werden können [31]. Die erhaltenen Polymerisate waren im Gegensatz zu den bisher bekannten Kunststoffen in den meisten Lösungsmitteln unlöslich, unbrennbar und gegenüber einer großen Zahl von Chemikalien äußerst widerstandsfähig. Da die Verarbeitung dieser Kunststoffe mit den damals bekannten Methoden nicht gelang, wurde die Arbeitsrichtung in Deutschland nicht weiter verfolgt. In USA dagegen hat die Entwicklung der Isotopen-Gasdiffusionsanlagen auch die Bearbeitung der Fluorkunststoffe stark vorwärts getrieben. Sie führte zur Entdeckung des Polytetrafluoräthylen bei der Firma DuPont.

A. Polytrifluorchloräthylen

Das monomere Trifluorchloräthylen $CF_2{=}CFCl$ (Kp −27,9 °C) wird durch Dechlorierung von Trifluortrichloräthan hergestellt [32].

$$CF_2Cl{-}CFCl_2 \xrightarrow[CH_3OH]{Zn} CF_2{=}CFCl + ZnCl_2$$

Trifluorchloräthylen bildet mit Methanol ein druckabhängiges Azeotrop. Bei Atmosphärendruck kann Trifluorchloräthylen rein abdestilliert werden. Bei 5 bid 6 atü dagegen bildet sich ein Azeotrop mit einem Gehalt von ca. 0,7% Methanol, das durch entwässertes Calciumchlorid entzogen werden kann [33].

Trifluorchloräthylen kann sowohl ohne Verdünnungsmittel als auch in Emulsion bzw. Suspension polymerisiert werden. Die Blockpolymerisation, die auch kontinuierlich durchgeführt werden kann, wird z.B. durch Bis-trichloracetylperoxid gestartet [34]. Die Suspensionspolymerisation in wäßriger Phase wird in Gegenwart von Ammoniumperoxiddisulfat, Natriumhydrogensulfit und Silbernitrat vorgenommen [35].

Die Verarbeitung gelingt nach den für Thermoplaste gebräuchlichen Methoden bei 250–300 °C.

Der Kunststoff hat eine Dauertemperaturbeständigkeit von 190 °C und besitzt hervorragende Chemikalienbeständigkeit. Er kann mit Vorteil für Dichtungen, Membrane, Rohre, Ventilsitze angewandt werden.

Die elektrische Durchschlagsfestigkeit beträgt 200—260 KV/cm, der elektrische Verlustfaktor ca. 2%, der spezif. Widerstand $10^{18}\Omega$/cm. Das Molekulargewicht liegt zwischen 70000 und 500000 [36].

Polytrifluorchloräthylen kam unter dem Namen Kel-F® (Minnesota Mining and Manufacturing) und Hostaflon C® (Farbwerke Hoechst) [36] in den Handel. Seine technische Bedeutung ist in den letzten Jahren stark zurückgegangen.

Eigenschaften	ASTM Prüfmethode	Maßeinheit	
Mechanische Eigenschaften			
Zugfestigkeit bei 23 °C	D 638—52 T	kp/cm²	340—390
Bruchdehnung bei 23 °C	D 638—52 T	%	105—190
Druckfestigkeit	D 695—54	kp/cm²	380
Rockwell-Härte	D 785—55		R 60—R 85
Spezifisches Gewicht	D 792—50	g/cm³	2,1—2,13
Reibungskoeffizient			
Wasseraufnahme	D 570—57 T	%	0
Witterungsbeständigkeit			ausgezeichnet
Thermische Eigenschaften			
Betriebstemperaturbereich			
Maximal		°C	200
Minimal		°C	—190
Spezifische Wärme		kcal/kg °C	0,22
Linearer Wärmeausdehnungs-koeffizient			
(Näherungswert pro 1/°C)	D 696—44		$9 \cdot 10^{-5}$
Wärmeleitfähigkeit		kcal/h m °C	0,22
Brennbarkeit	D 635—56 T	cm/min	nicht brennbar
Elektrische Eigenschaften			
Durchschlagfestigkeit, kurzzeitig	D 189a	kV/mm	20
Lichtbogenwiderstand der Oberfläche	D 495—58 T	sec	> 360
Oberflächenwiderstand, 100% relative Luftfeuchtigkeit	D 257—58	Ohm	$> 5 \cdot 10^{15}$
Spezifischer Widerstand	D 257—58	Ohm · cm	$2{,}5$—$4 \cdot 10^{16}$

B. Polytetrafluoräthylen

Der wichtigste und mengenmäßig entscheidende Fluorkunststoff ist das Polytetrafluoräthylen (PTFE) [37].

Das Ausgangsprodukt, das *monomere Tetrafluoräthylen* wird durch Pyrolyse von Difluorchlormethan bei 600—800 °C erhalten.

$$2\,CHF_2Cl \rightarrow CF_2{=}CF_2 + 2\,HCl \qquad \text{Kp-76,3 °C}$$ [38].

Der Umsatz an CHF_2Cl beträgt 28%, die darauf bezogene Ausbeute 83%. Der Umsatz kann aber bei gleichbleibender Ausbeute auf 60 bis 65% gebracht werden, wenn die Pyrolyse in Gegenwart von Wasserdampf stattfindet [39].

Voraussetzung für eine einwandfreie Polymerisation ist die Reinheit des Tetrafluoräthylens. Schon wenige ppm Verunreinigungen im Monomeren sind die Ursache für ein unbrauchbares PTFE. Aus dem aus dem Pyrolyseofen kommenden Gas wird mit Wasser und mit schwachem Alkali der bei der Spaltung entstandene Chlorwasserstoff herausgewaschen. Anschließend wird das Gas erst mit konz. Schwefelsäure, dann mit Phosphorpentoxid getrocknet, auf 10 atü komprimiert und bei —30 °C verflüssigt.

Tetrafluoräthylen zerfällt beim Erhitzen unter Druck in Tetrafluormethan und Kohlenstoff. Das ist eine stark exotherme Reaktion, bei der 660 cal/g frei werden. Erst unter —20 °C ist dieser Zerfall nicht mehr möglich. Aus Gründen der Sicherheit geht man auf —30 °C zurück [40].

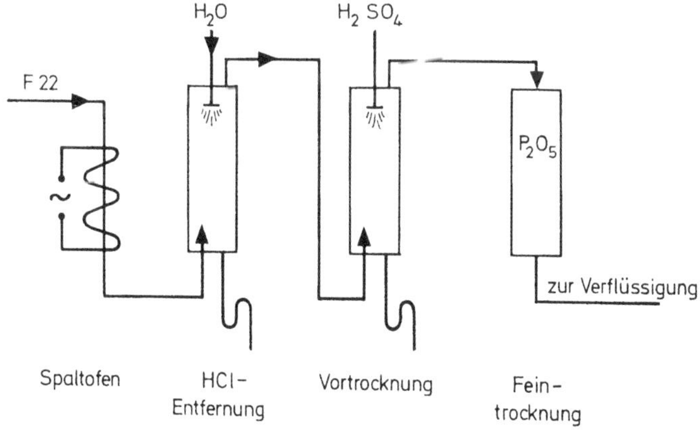

Schema der Roh-Tetrafluoräthylen-Erzeugung

Das verflüssigte Rohgas enthält neben nicht umgesetzten Ausgangsmaterial noch eine große Anzahl bei der Crackung entstandener Nebenprodukte. Die wesentlichen sind:

CHF_3	(Kp −80 °C)
$CF_3CF{=}CF_2$	(Kp −29 °C)
$(CF_3)_2C{=}CF_2$	(Kp 7 °C)
$\begin{array}{l} CF_2{-}CF_2 \\ \vert \quad\;\; \vert \\ CF_2{-}CF_2 \end{array}$	(Kp −5 °C)
$CHF_2 \cdot CF_2Cl$	(Kp −10 °C)
$CHF_2 \cdot CF_2 \cdot CF_2Cl$	(Kp −21 °C)
$H(CF_2)_nCl$, n = 10 und höher.	

Zur Abtrennung der Verunreinigungen wird das verflüssigte Rohgas einem System von Kolonnen zugeführt.

In der ersten Kolonne, die mit einem Rücklaufverhältnis von 1:1000 betrieben wird, geht neben Inertgasen CHF_3 über Kopf ab. Da der Siedepunktunterschied zwischen Fluoroform und Tetrafluoräthylen nur 4 °C beträgt, sind 100 theoretische Böden erforderlich. In der nun folgenden Kolonne erhält man Tetrafluoräthylen mit einer Reinheit von 99,9999%. Um in der Reinkolonne eine Polymerisation zu verhindern, gibt man einen Stabilisator wie z.B. Dipenten zu [41]. Bei einer beginnenden Polymerisation lagert sich das Dipenten an das Radikal an; das entstehende radikalische Anlagerungsprodukt ist träge und stabil, so daß es kein neues Tetrafluoräthylen mehr addiert und somit nicht mehr weiterwächst.

Der Sumpf der Reinkolonne wird einer 3. Kolonne zugeführt. Am Kopf dieser Kolonne werden Difluorchlormethan und alle wieder in Tetrafluoräthylen spaltbare Anteile, wie Perfluorpropen, Tetrafluorchloräthan u.a. abgenommen und in die Spaltanlage zurückgeführt, während aus dem Sumpf die Anteile, die nicht mehr zurückgeführt werden können, wie z.B. Perfluorisobutylen und andere, darunter auch der Stabilisator Dipenten ausgeschleust werden.

Das reine Tetrafluoräthylen wird in einem Lagertank bei −30 °C mit einem erneut zugefügten, geringen Prozentsatz Stabilisator gelagert.

Bei der Polymerisation des Tetrafluoräthylens werden 41 kcal/mol frei. Um diese Wärme abzuführen, arbeitet man in einer wäßrigen Suspension. Man vermeidet so die Überhitzung und spontane Zersetzung. Man polymerisiert aus der Gasphase in die wäßrige Flotte hinein.

Für den Start der Polymerisation wird das übliche Redoxsystem angewandt: Peroxid, Reduktionsmittel, Schwermetallsalz.

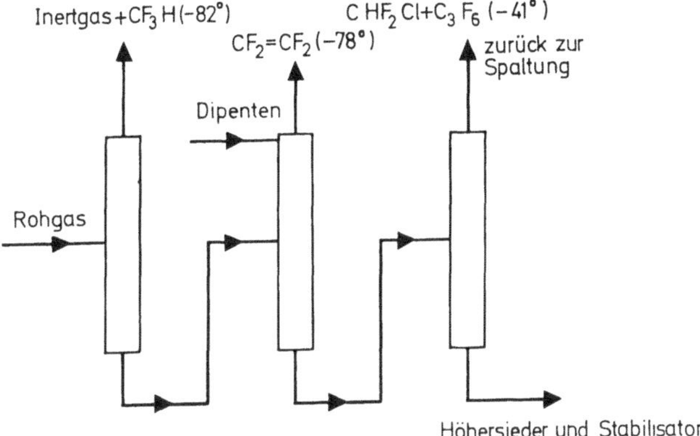

Schema der Reindestillation von Tetrafluoräthylen

Radikal-Bildung bei der Redoxkatalyse:

$$NaOSO_2H + Cu^{II}Cl_2 \rightarrow NaO\cdot\underset{\underset{O}{\|}}{\overset{\overset{O}{\|}}{S}}\cdot + Cu^{I}Cl + HCl$$

$$Cu^{I}Cl + HCl + KO\underset{\underset{O}{\|}}{\overset{\overset{O}{\|}}{S}}-O-O-\underset{\underset{O}{\|}}{\overset{\overset{O}{\|}}{S}}-OK \rightarrow Cu^{II}Cl_2 + KO\underset{\underset{O}{\|}}{\overset{\overset{O}{\|}}{S}}-OH + KO\underset{\underset{O}{\|}}{\overset{\overset{O}{\|}}{S}}-O\cdot$$

$$KO\underset{\underset{O}{\|}}{\overset{\overset{O}{\|}}{S}}-O\cdot + CF_2{=}CF_2 \rightarrow KO\underset{\underset{O}{\|}}{\overset{\overset{O}{\|}}{S}}-OCF_2\cdot CF_2^{\cdot} \rightarrow KO\underset{\underset{O}{\|}}{\overset{\overset{O}{\|}}{S}}-OCF_2\cdot CF_2\cdot CF_2\cdot CF_2^{\cdot}$$

Die Schwefelsäureester-Endgruppen hydrolysieren schon in der Kälte und es bilden sich endständige Vinylgruppen.

$$R(CF_2)_n\cdot CF_2\cdot CF_2\cdot CF_2\,OSO_3 \xrightarrow{H_2O} R(CF_2)_n\cdot CF_2\cdot CF_2\cdot CF_2OH + KHSO_3$$

$$\xrightarrow{H_2O} R(CF_2)_n\cdot CF_2\cdot CF_2\cdot COOH + 2\,HF$$

$$\xrightarrow{t} R(CF_2)_n\cdot CF{=}CF_2 + CO_2 + HF$$

Tatsächlich lassen sich in den Polymerisationsflotten entsprechend dem Kaliumpersulfat-Verbrauch stöchiometrische Mengen Fluor-Ionen nachweisen.

Bei fast allen Polymerisationen ist bekannt, daß die wachsende Kette mit sich selbst oder mit in der Nachbarschaft befindlichen Ketten Übertragungsreaktionen gibt und auf diese Weise Endgruppen ausgebildet werden sowie Verzweigungen entstehen. Diese Übertragungsreaktionen sind beim PTFE nicht möglich, da eine C · F-Bindung gelöst werden müßte, die mit 123 kcal/mol eine der stärksten Bindungen der organischen Chemie darstellt.

Nach Röntgenuntersuchungen hat PTFE-Pulver eine Kristallinität bis zu 95%. Das ist nur möglich, wenn die gerade Kette nicht durch Verzweigung unterbrochen ist.

Die Bestimmung des Molekulargewichtes ist problematisch, da PTFE in jedem Chemikal unlöslich ist. Der einzige, allerdings methodisch ungenaue Weg, ist es, die Endgruppen radioaktiv zu markieren und zu bestimmen. Danach hat PTFE ein Molekulargewicht zwischen 500000 und 8 Millionen.

Es wird sowohl die Suspensions- als auch die Emulsionspolymerisation angewandt. Die Abwesenheit von Sauerstoff ist die Voraussetzung für das Gelingen der Polymerisation, da schon ein Gehalt von mehr als 20 ppm Sauerstoff jede Polymerisation unterbindet. Ein radikalisches Anlagerungsprodukt von Sauerstoff an eine startende oder wachsende Kette ist relativ energiearm und blockiert jedes Weiterwachsen.

Bei der sogenannten *Suspensionstechnik* [42] arbeitet man in der Flotte mit einem leicht alkalischen Puffer (etwa Boraxlösungen, Ammonsalzen oder Phosphaten) um dem Startersystem das richtige pH für das Zerfallsgleichgewicht zu gewährleisten und den abgespaltenen Fluorwasserstoff wegzupuffern. Bei der Polymerisation aus der Gasphase nützt man die Löslichkeit des Tetrafluoräthylens von 1 g in 1 l Wasser von 20 °C bei 10 atü aus. Das Monomere begibt sich aus der Gasphase an ein im Wasser gebildetes Radikal und wächst dort an einer gestarteten Kette weiter. Neu gebildete Makromoleküle schließen sich zusammen und wachsen gemeinsam weiter. Wie bei anderen Polymerisationen in wäßriger Flotte kann man durch Variation der Reaktionsbedingungen Korngröße und Kornform beeinflussen.

Beim Trocknen und Verpacken des salzfrei gewaschenen PTFE müssen besondere Vorsichtsmaßregeln angewandt werden. PTFE lädt sich statisch stark auf und belädt sich mit jedem Schwebestoff. Bei der Sintertemperatur von 380 °C würde das Staubpartikelchen gecrackt werden und einen schwarzen Fleck hinterlassen. Trocknung, Mahlung und Abfüllung müssen deshalb in staubfreien Räumen vorgenommen werden. Man erreicht dies mit einem Überdruck von 10 cm Wassersäule mit eigens gefilterter Luft. Aus verarbeitungstechnischen Gründen wird ein Teil der Produktion auf bestimmte Teilchengröße eingestellt.

Bei der *Verarbeitung* wird das PTFE kalt mit 250 kg/cm^2 in die Form, die es einmal haben soll, verpreßt. Man bekommt einen Formkörper, der verhältnismäßig wenig Festigkeit, aber bereits die gewünschte Form besitzt. Dann wird er auf 380 °C geheizt und einige Zeit bei dieser Temperatur belassen. Bei 380 °C sintert der Block zusammen.

Auf diese Weise stellt man *Platten oder Vollstücke* her. Normal spanabhebende Verarbeitung gestattet es, daraus alle gewünschten Gegenstände anzufertigen. Die mangelnde Affinität des PTFE hat neben vielen Vorteilen folgenden Nachteil: PTFE kann ohne Vorbehandlung nicht geklebt werden. Mit Alkalimetall, gelöst in flüssigem Ammoniak, kann man aber die Oberfläche des PTFE's anätzen, so daß man auf diese Stelle z. B. mit Epoxidharzklebern kleben kann.

Die *Emulsionspolymerisation* des Tetrafluoräthylens gelingt nur mit ganz bestimmten Emulgatoren [43]. Bekanntlich gibt es sehr wenige Chemikalien, die bei der Polymerisation nicht den sofortigen Abbruch der Polymerisation hervorrufen. Einer der wenigen Emulgatoren, der die Polymerisation nicht stört und trotzdem emulgiert, ist die Perfluoroctansäure. Man startet wie bei der Suspensions-Polymerisation mit einem Redox-Katalysator aber in Gegenwart von 0,1% Perfluoroctansäure. Statt eines körnigen Polymerisats erhält man eine Dispersion von Teilchen in der Größenordnung von 0,3 μ in Wasser. Obwohl die Teilchen eine Dichte von 2,2 haben, setzen sie sich nicht ab. Man bekommt eine Dispersion mit 20% Feststoff.

Versetzt man diese 20%ige Dispersion mit einem Hilfsemulgator, z. B. mit einem oxäthylierten Alkylphenol, so kann sie im Vakuum eingedampft werden, ohne das Koagulation auftritt. Man kann so PTFE Dispersionen mit einem Feststoffgehalt bis zu 60 % erhalten.

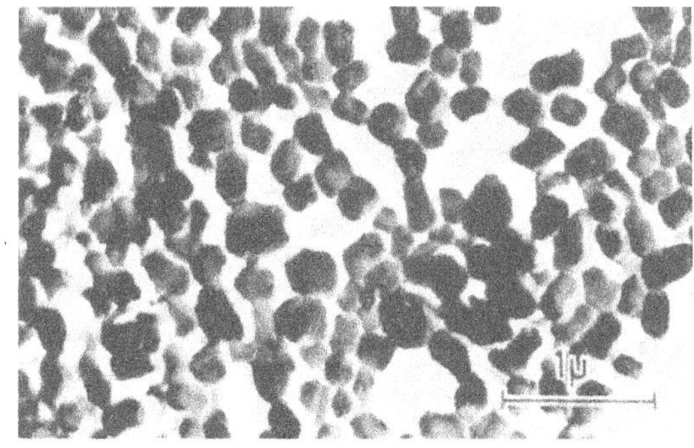

Hostaflon®-Dispersion (17000-fach)

Mit solchen Dispersionen lassen sich *Tränkungen und Beschichtungen* aller Art durchführen. Beschichtungen werden meist mit der Spritzpistole vorgenommen. Beim Eintrocknen der Schicht erhält man einen zusammenhängenden Film von etwa 20 μ Stärke aber ohne Festigkeit. Dieser Film läßt sich bei 380 °C sintern und gibt dann einen festhaftenden Überzug. Für die Beschichtung von Metallen ist es notwendig, den Untergrund mit Haftvermittlern vorzubereiten, damit der PTFE-Überzug ausreichende Haftung besitzt. Dieser PTFE-Überzug verleiht dem Metall zwar keinen Korrosionsschutz, er gibt ihm jedoch eine stark antiadhäsive, gleitfähige Oberfläche.

So behandelte Bratpfannen verhindern ein Anbrennen von Nahrungsmitteln, erlauben fettloses Braten und haben eine glatte, leicht zu reinigende Oberfläche. Die Metalloberfläche wird dabei so gut geschützt, daß man dazu übergegangen ist, auch Werkzeuge, z. B. Sägen oder die Messer der Rasenmäher mit PTFE zu überziehen [44].

Gut eingeführt hat sich auch eine Rasierklinge, deren Schneidkante mit einem Belag von PTFE versehen ist. Diese Klingen besitzen nicht nur guten Oberflächenschutz, sondern gleichzeitig eine länger anhaltende, verbesserte Schneidfähigkeit [45].

Wenn ein Film ohne Haftvermittler auf eine Metallplatte aufgetragen und anschließend gesintert wird, kann man ihn abziehen und man erhält sehr *dünne Folien*. Eine andere Möglichkeit, Folien herzustellen, besteht darin, daß der Film auf eine Metallfolie aufgebracht wird, die später chemisch zerstört wird. Um elektrische Drähte zu ummanteln, werden diese durch die Dispersion gezogen. Anschließend wird der Draht mit Strom auf 380 °C geheizt.

Verdickt man eine Dispersion z. B. mit einem wasserlöslichen Cellulose-Derivat, so erhält man Pasten, die zu *Fäden* verspinnbar sind. Die Verdickungsmittel dienen für die PTFE-Teilchen zunächst als Bindemittel. Beim anschließenden Sintervorgang werden sie weggebrannt: Es verbleibt ein fest zusammenhängender Faden.

Durch eine gezielte Koagulation kann aus der Dispersion ein Festprodukt mit besonderen Eigenschaften werden. Die Primärteilchen von ca. 0,3 lagern sich beim Ausfällen zu einem schneeballähnlichen Gebilde von etwa 1 mm Durchmesser zusammen.

Dieses Festprodukt kann mit 30% Benzin getränkt werden, ohne daß es nach außen hin feucht erscheint. Überraschenderweise kann die benzingetränkte Ware im Extruder kalt zu Profilen extrudiert werden, obwohl sie gar nicht flüssig ist. Bei einem Druck von etwa 100 kg/cm^2 läßt sich aus ihr fast jeder beliebige Formkörper pressen, ohne daß das das Benzin herausquillt! Erst in einer elektrisch geheizten Sinterzone wird das Benzin herausgedampft. Der Körper behält seine Form und wird durch Erhitzen auf 380 °C verfestigt.

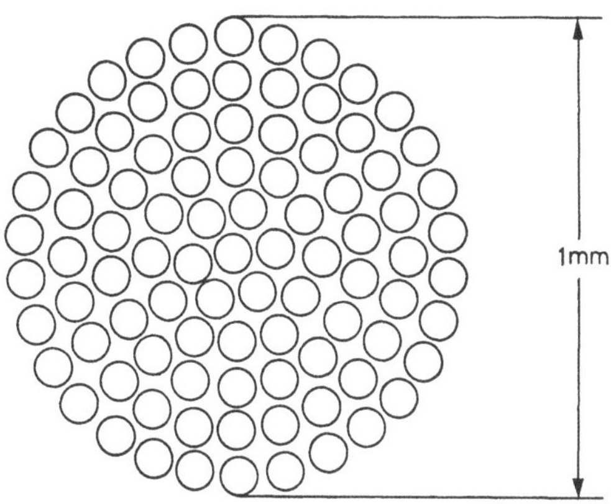

Schema eines sek-Kornes von PTFE-Pastenware

So lassen sich vor allem dünnwandige *Profile,* dünne *Rohre, Drahtummantelungen* und *Treibstoffschläuche* extrudieren.

Welche Gründe sind für diese ungewöhnlichen Eigenschaften des PTFE maßgebend?

Das Fluoratom besitzt einen kleineren Atomradius als Wasserstoff:

1,33 Å gegen 1,54 Å

Die Bindungsenergie C—F beträgt 123 kcal gegenüber der Bindungsenergie C—H von 93 kcal.

Diese Tatsache drückt sich besonders deutlich in der Dichte aus 2,2 gegenüber 0,96 beim Polyäthylen.

Eigenschaften	PTFE	Polyäthylen
Elastizitätsmodul	4000 kp/cm^2	12000 kp/cm^2
Reibungskoeffizient	0,04	0,2
Lichtbeständigkeit	mehr als 20 Jahre	ohne Stabilisator gering
Kristallinität	95%	70%
Sauerstoffdurchlässigkeit	$100 \cdot 10^{-12}$	$150 \cdot 10^{-12}$
Dauertemperaturbeständig	260 °C	105 °C
Lösungsmittelbeständig	hervorragend	beschränkt
Dielektrischer Verlustfaktor tgf	$2 \cdot 10^{-4}$	$2 \cdot 10^{-4}$

Die Tabelle gibt einen Vergleich der Eigenschaften, in denen sich Polyäthylen und PTFE wesentlich unterscheiden. Rein mechanisch gesehen ist das PTFE elastischer als das Polyäthylen. Der niedrige Reibungskoeffizient ist ein Maß für die geringe Adhäsionskraft. Dadurch unterscheidet sich PTFE nicht nur gegenüber dem Polyäthylen sondern gegenüber allen anderen Kunststoffen.

Die hervorragende Chemikalien- und Lösungsmittelbeständigkeit kann erklärt werden durch das Verhältnis der Atomradien der Elemente Fluor und Kohlenstoff. Dadurch wird eine nahezu völlige Bedeckung der Kohlenstoffkette mit Fluor möglich. Bei der geringen Polarisierbarkeit der Halogenatome kommt dies einer Art „Panzerung" gleich und das Kohlenstoffgerüst wird äußeren Einflüssen entzogen.

Handelsformen von Polytetrafluoräthylen sind [46]:

Teflon®	DuPont
Hostaflon® TF	Farbwerke Hoechst
Fluon®	ICI
Algoflon®	Montecatini

Der Verbrauch an Polytetrafluoräthylen steigt noch ständig [47]: Für 1972 wird die Erzeugung der westlichen Welt auf 20500 t geschätzt.

Produktion an Polytetrafluoräthylen [48]

	1964 jato	1967 Schätzungen jato	1970
USA	7400	9100	13600 Schätzungen
England	400	850	1100
BRD	150	450	650
Italien	130	240	350
Frankreich	50	400	550
Benelux	—	150	200
Japan	300	500	750
	8430	11690	17200 t

Die Einsatzgebiete werden 1970 wie folgt liegen [48]:

Elektroindustrie	5900 jato
Chemische Industrie	3515 jato
Raumfahrtindustrie	2040 jato
Sonstige Industrie	2145 jato

Im Vergleich zu Polytetrafluoräthylen spielen die übrigen Fluorkunststoffe noch eine sehr bescheidene Rolle, mit einer Ausnahme, den Mischpolymerisaten des Polytetrafluoräthylens.

C. Mischpolymerisate des Polytetrafluoräthylens

Tetrafluoräthylen kann mit einer Reihe von anderen Vinyl-Verbindungen mischpolymerisiert werden. Solche Mischpolymerisate mit Perfluorpropen haben auch technische Bedeutung erlangt [49].

Perfluorpropen wird hergestellt durch Pyrolyse von Tetrafluoräthylen bei 750—900 °C und einem Druck von 25—200 Torr.

Die Reaktion läuft nach folgendem Schema ab:

$$CF_2{=}CF_2 \xrightarrow{t} 2\,CF_2{<}$$

$$CF_2{<} + CF_2{=}CF_2 \rightarrow CF_3CF{=}CF_2 \quad (\text{Kp-29,4 °C, EP-156,2 °C})$$

Die Ausbeuten liegen bei einem Umsatz von 56% bei 80%.

Als Nebenprodukt entsteht Hexafluoräthan.

Auch aus Poly-tetrafluoräthylen kann man durch Pyrolyse bei 750—900 °C und einem Druck von 100 mm Hg mit einer Ausbeute von rund 50% Hexafluorpropen erhalten [50].

Es sind zwei Mischpolymerisate mit Tetrafluoräthylen im Handel:

Teflon FEP®: 60 Mol % $CF_3CF{=}CF_2$ und 40 Mol % C_2F_4;
Kurzbezeichnung: P-FEP

drei Typen: 100 für Extrusion
110 für Spritzguß
120 wäßrige Dispersion

und

Teflon 6 C®: das Produkt enthält unter 1% $CF_3CF{=}CF_2$

Die Mischpolymerisation gelingt unter den Bedingungen der Polytetrafluoräthylen-Polymerisation, also in wäßrigem Medium mit Peroxid bei Temperaturen zwischen 10 °C und 30 °C.

Auch die Polymerisation mit Trichloracetylperoxid bei Temperaturen unter 0 °C ist beschrieben worden [51].

Während das gewöhnliche Polytetrafluoräthylen nach den üblichen Verfahren kaum als Thermoplast zu verarbeiten ist, ist eben dies bei den Mischpolymerisaten möglich. Das Mischpolymerisat läßt sich also auf normalen Extrudern zu Röhren, Stäben und Schläuchen verformen. Das Hauptverwendungsgebiet ist daher die Kabelummantelung: Es wird zunächst ein Schlauch mit Übergröße stranggepreßt und durch Verstreckung — mit oder ohne Zuhilfenahme von Vakuum — zum Anliegen an das Metall gebracht. Nach 50 bis 150 mm Laufstrecke folgt ein Wasserbad zum Abschrecken.

Die Chemikalienbeständigkeit und die elektrischen Eigenschaften des Mischpolymerisates gleichen denen des Polytetrafluoräthylens. „P-FEP" ist durchsichtig, glasklar und besitzt eine wachsartige Oberfläche. Seine Dauertemperaturbeständigkeit liegt bei 200 °C, also 60 °C tiefer als die des Polytetrafluoräthylens. Wenn es auf Temperaturbeständigkeit ankommt, wird Teflon 6 C empfohlen, das allerdings wieder schwieriger zu verarbeiten ist [52]. Teflon 6 C ist ein Pastenextrusionsmaterial und nur nach den bei PTFE üblichen Extrusionsverfahren verarbeitbar.

Eigenschaften	ASTM Prüfmethode	Maßeinheit	PTFE	PFEP
Mechanische Eigenschaften				
Zugfestigkeit bei 23 °C	D 638—52 T	kp/cm^2	200—300	190—210
Bruchdehnung bei 23 °C	D 638—52 T	%	200—300	250—330
Druckfestigkeit	D 695—54	kp/cm^2	70	50
Rockwell-Härte	D 785—55			R 25
Spezifisches Gewicht	D 792—50	g/cm^3	2,14—2,2	2,1—2,2
Reibungskoeffizient			0,01-0,2*)	0,1-0,4*)
Wasseraufnahme	D 570—57 T	%	0	0
Witterungsbeständigkeit			ausgezeichnet	ausgezeichnet
Thermische Eigenschaften				
Betriebstemperaturbereich				
Maximal		°C	260	200
Minimal		°C	—190	—190
Spezifische Wärme		kcal/kg °C	0,25	0,26
Linearer Wärmeausdehnungskoeffizient (Näherungswert pro 1/°C)	D 696—44		$10 \cdot 10^{-5}$	$9{,}5 \cdot 10^{-5}$
Wärmeleitfähigkeit		kcal/h m °C	0,21	0,17
Brennbarkeit	D 635—56 T	cm/min	nicht brennbar	nicht brennbar
Elektrische Eigenschaften				
Durchschlagfestigkeit, kurzzeitig	D 189a	kV/mm	20—40	20—40
Lichtbogenwiderstand, der Oberfläche	D 495—58 T	sec	700	165
Oberflächenwiderstand, 100% relative Luftfeuchtigkeit	D 257—58	Ohm	$> 10^{13}$	$> 10^{16}$
Spezifischer Widerstand	D 257—58	Ohm · cm	$> 10^{14}$	$> 10^{18}$

*) Der Reibungskoeffizient ist abhängig von der Gleitgeschwindigkeit, der Flächenpressung und er nimmt mit steigender Gleitgeschwindigkeit zu und mit steigender Flächenpressung ab.

D. Polyvinylidenfluorid

Das monomere Vinylidenfluorid wird durch thermische Dehydrochlorierung von 1,1 Difluor-1-chloräthan erhalten.

$$CF_2Cl{-}CH_3 \xrightarrow{850\,°C} CF_2{=}CH_2 \quad (Kp\ -84\ °C)$$

Der Umsatz liegt bei 97% und die Ausbeute bei 97,5% [53].

Die Polymerisation wird in Gegenwart von Peroxiden bei 80—100 °C und Drucken von 30—300 atm [54] durchgeführt. Man erhält einen *thermoplastischen* Kunststoff, der zu Platten, Filmen, Schläuchen usw. verarbeitet werden kann. Das Material ist in dünner Schicht klar und biegsam. Es besitzt hohe Zug- und Druckfestigkeit sowie hohe Abriebfestigkeit. Der Schmelzpunkt liegt bei 171 °C, die Dauertemperaturbeständigkeit bei 150 °C. In der Kälte ist das Polymerisat bis —70 °C flexibel und entspricht damit den Anforderungen im Flugzeugbau [55].

Eigenschaften des Polyvinylidenfluorid

Schmelzpunkt, Kristallin °C	170
Spez. Gewicht	1,76
Brechungsindex	1,42
Verformungstemperatur °C	200—275
Mittlerer Schwund in der Werkzeugform cm/cm	0,020
Entflammbarkeit	selbsterlöschend, nicht tropfend
Zugfestigkeit bei 25 °C kg/cm²	490
100 °C kg/cm²	350
Dehnung bei 25 °C %	300
100 °C %	400
Elastizitätsmodul bei 25 °C kg/cm²	
bei Zug	8000
bei Biegung	14000
bei Druck	8000
Shore Härte D	80
Gleitender Reibungskoeffizient gegen Stahl	0,14—0,17
Linearer Wärmeausdehnungskoeffizient pro °C	$1{,}5 \cdot 10^{-6}$
Wärmeleitfähigkeit von 25—160 °C cal/h (cm²) (°C/cm)	1,0
Spezifische Wärme cal/g °C	0,33
Thermischer Abbau	$>$ 315
Tieftemperaturversprödung °C	$<$ −62
Wasserabsorption %	0,04
Feuchtigkeitsdampfdurchlässigkeit pro 1 mm Dicke $g/24^h\text{-}m^2$	1,0
Strahlungswiderstand (Co^{60}) Röntgen	$> 200 \cdot 10^6$

Polyvinylidenfluorid ist gegen die meisten Säuren, Laugen, Lösungsmittel, Oxydationsmittel und Halogene beständig. Es wird jedoch schon bei Raumtemperatur von konz. Schwefelsäure angegriffen. Aceton ruft Quellung und teilweise Auflösung hervor, mit stark polaren Lösungsmitteln, wie Dimethylacetamid bildet es kolloidale Lösungen. Starke Basen wie Butylamin verspröden und verfärben es.

Die *Hauptanwendungsgebiete* für Polyvinylidenfluorid liegen auf folgenden Sektoren:

1. elektrische und elektrochemische Industrie für Drahtummantelungen;
2. chemischer Apparatebau für die Herstellung bzw. Auskleidung von Rohren, Pumpen und Ventilen;
3. Bauindustrie für Beschichtungen im Oberflächenschutz, insbesondere wetterfeste Beschichtungen von Blechen, die der Fassadenkleidung dienen. Im Oberflächenschutz benutzt man Polyvinylidenfluorid in Form von Lösungen oder Dispersionen. Mit ihm werden Aluminium- und Stahlblechteile für den Gebäudeschutz lackiert. Die Filmbildungstemperatur liegt bei ca. 230 °C. Die Witterungsbeständigkeit soll 20 Jahre betragen [56].

Handelsmarken sind:

Du Lite®	(DuPont)
Kynar®	(Pennsalt Chem. Corp.)
Fluoropon®	(De Soto Chem. Co.)

Die Produktion dürfte 1968 ungefähr 400 jato betragen haben.

E. Polyvinylfluorid

Das monomere Vinylfluorid wird durch Anlagerung von Fluorwasserstoff an Acetylen in Gegenwart von Katalysatoren (wie Quecksilberverbindungen, Aluminiumfluorid, mit Zinkfluorid imprägniertes Aluminiumoxid) gewonnen [57].

$$CH \equiv CH + HF \rightarrow CH_2{=}CHF \quad (Kp\ -72{,}2\ °C)$$

Eine andere Darstellungsmöglichkeit geht ebenfalls von Acetylen aus, an das zwei Moleküle Fluorwasserstoff angelagert werden zu 1.1-Difluoräthan [58]. Dann wird thermisch zu Vinylfluorid dehalogeniert [59].

$$CHF_2{-}CH_3 \rightarrow CHF{=}CH_2$$

Die Polymerisation ist schwierig. Sie gelingt aber in wäßriger Suspension bei Ausschluß von Sauerstoff in Gegenwart von Benzoylperoxid bei 85 °C und 300 atm [60].

Polyvinylfluorid ist ein weißes Pulver mit einem Schmelzpunkt von ca. 200 °C. Die Dauertemperaturbeständigkeit liegt bei ca. 105 °C. Es ist beständig gegen Basen und nichtoxydierende Säuren, unlöslich in Petroläther, Xylol, Mineralölen, Tetrachlorkohlenstoff, Eisessig, Aceton und Alkohol. Es löst sich aber in heißem Cyclohexanol, Cyclohexanon, Dimethylformamid und Tetramethylensulfon. In Dimethylformamid kann z.B. bei 125—130 °C eine 8%ige Lösung erhalten werden.

Stabilisiertes, hochmolekulares Polyvinylfluorid kann zu zähen Stäben mit hoher Schlagfestigkeit verpreßt werden. Das unstabilisierte Material kann aus Lösungen zu Filmen gegossen werden. Die Filme, die kalt gereckt werden können, sind zäh, klar und durchlässig für sichtbares und ultraviolettes Licht. Sie sind äußerst widerstandsfähig gegen Bewitterung und behalten auch bei Kälte ihre Klarheit, Reckbarkeit und mechanischen Eigenschaften bei. Wegen dieser Eigenschaften findet die Polyvinylfluorid-Folie als wetterfester Überzug für Bleche, Baustoffplatten, Bedachungen, Wandüberzüge usw. Verwendung.

Für die Elektroindustrie sind die Hydrolysebeständigkeit, die Durchschlagfestigkeit (134 KV/mm) und die hohe Dielektrizitätskonstante (8,5) von Interesse [61].

Eigenschaften des Polyvinylfluorids

Viscositätszahl definiert als die reduzierte Viskosität von 0,05 g des Polymeren/100 ml Dimethylacetamid bei 110 °C	0,9 ± 0,15
Schmelzpunkt °C	195—205
Brechungsindex, Durchschnitt	1,45
Typ des Polymeren	Dispersionstyp
Farbe und Aussehen	weißes Pulver
Dichte g/ml	1,4
Trockenes Schüttgewicht g/ml	0,27—0,28
Korngrößenverteilung (μ)	0,8—3,0
durchschnittliche Korngröße (μ)	1,5
Entflammbarkeit	selbsterlöschend
Filmeigenschaften	
Zugfestigkeit kg/cm²	350—420
Zugfestigkeitsmodul kg/cm²	10500
Dehnung %	150—250

Handelsformen sind:

Tedlar®	(DuPont)
Dalvor®	(Diamond Alkali)

1968 dürfte der Verbrauch in der Größenordnung von 100 t gelegen haben.

F. Fluorelastomere

a) Mischpolymerisat Vinylidenfluorid/Hexafluorpropen

Dieses Mischpolymerisat wird durch Emulsionspolymerisation mit Hilfe eines Redoxsystems erhalten [62]. Das aus dem Latex gefällte Polymerisat ist ein weißes Pulver, das nach dem Trocknen und Pressen klar wird. Das Polymerisat mit einem Molekulargewicht von ca. 150000 kann durch Behandlung mit Säureacceptoren vernetzt werden. Diese Vernetzung kommt durch Abspaltung von Fluorwasserstoff aus dem Anteil des Moleküls zustande, das dem Vinylidenfluorid entstammt. Die Vernetzung ist wie folgt möglich:

Eine Mischung des Polymerisates mit Magnesiumoxid, Hexamethylendiamincarbamat und Ruß wird bei 45 °C 30 min/druckvulkanisiert und und anschließend bei 200 °C 24^h getempert [63]. Man erhält ein elastisches Vulkanisat, das gegenüber Schmiermitteln und Hydraulikölen beständig ist. Bei 200 °C ist das Produkt unbegrenzt haltbar. Es ist wetterbeständig, unempfindlich gegenüber Ozon und bis —40 °C elastisch. Einsatzgebiete sind: Dichtungen, Schläuche, Imprägnierung von Schutzkleidung. Dieses Fluorelastomer wird seit kurzem von der Autofirma Fiat als Bremskappenmaterial an den Scheibenbremsen seiner „Dino"-Sportwagen verwendet [64].

Kurzbezeichnung: FPM

Handelsformen sind:

Viton®	(DuPont)
Fluorel®	(Kellogg)

b) Mischpolymerisat Trifluorchloräthylen/Vinylidenfluorid [65]

Eine Mischung des Polymerisates mit Hexamethylendiamincarbamat, Zinkoxid und zweibasischem Bleiphosphit wird bei 180 °C unter Druck 30 min. vulkanisiert und 16^h bei der gleichen Temperatur getempert [66]. Man erhält ein elastisches Vulkanisat mit einem Mol-.Gew. von 700000 bis 1000000. Die Dehnbarkeit beträgt 300 bis 600%. Die Dauertemperaturbeständigkeit liegt bei 200 °C. Das Material ist unbrennbar und beständig gegen Säuren und Alkalien. Es wird nicht angegriffen von Alkoholen, aliphatischen Kohlenwasserstoffen, Chlorkohlenwasserstoffen, hydraulischen Flüssigkeiten, Siliconölen und Schmierölen. Auch gegen Ozon ist es beständig. Niedermolekulare Fluorchlorkohlenwasserstoffe, Phosphorsäureester und Diester bewirken jedoch eine Quellung. Einer breiten Anwendung steht die Neigung des Materials zur plastischen Verformung unter Druck entgegen [67].

Zwei Typen wurden angeboten:

Elastomer 3700		Kellogg	30% Trifluorchloräthylen 70% Vinylidenfluorid
KelF	5500	Kellogg	50% Trifluorchloräthylen 50% Vinylidenfluorid

Die Produkte sind anscheinend nicht mehr im Handel.

c) Mischpolymerisat Tetrafluoräthylen/Perfluorpropen/Vinylidenfluorid

Dieses Terpolymere läßt sich auf Druck-, Fließ- und Spritzpressen verarbeiten. Die Dauertemperaturbeständigkeit beträgt 230 °C. Kurze Zeit werden auch 300 °C ausgehalten. Chemisch ist das Polymere beständig gegen Benzin, Schmieröle, Chlorkohlenwasserstoffe und anorganische Säuren. In Ketonen und Estern ist das Produkt löslich.

Handelsname:

Tecnoflon® Montecatini Edison Sp A [68]

d) Poly-1.1-Dihydroperfluorbutylacrylat

Das Monomere wird erhalten durch Umsetzung von 1,1-Dihydroperfluorbutanol mit Acrylsäurechlorid (s. a. das Kapital „Oberflächenaktive Fluorverbindungen").

Durch Polymerisation erhält man einen weichen thermoplastischen Kunststoff, der durch Metalloxide oder aliphatische Amine mit Ruß als Füllstoff vulkanisiert werden kann [69]. Das Vulkanisat zeichnet sich durch Beständigkeit gegenüber Treibstoffen, Ölen, Lösungsmitteln und Ozon aus. Unterhalb —20 °C büßt es seine Elastizität ein [64].

Handelsbezeichnung:

Fluoro Rubber-1 F 4 (Minnesota Mining Manuf.) [67]

Ein weiteres Derivat ist Fluor-Rubber 2 F 4.

Ausgangsmaterial ist das Trifluormethoxy-11-dihydroperfluorbutylacrylat.

$$CF_3O{-}CF_2{-}CF_2{-}CF_2{-}CH_2{-}O{-}\underset{\underset{O}{\|}}{C}{-}CH{=}CH_2 \quad \text{Kp 20 mm 63,5 °C}$$

Es besitzt bessere Tieftemperatureigenschaften als Fluor-Rubber 1 F 4.

e) Fluor-enthaltende Polysiloxan-Elastomere

Fluor enthaltende Silane sind durch Anlagerung von Trifluorpropen an Methylchlorsilane zugänglich [70].

$$CF_3{-}CH{=}CH_2 + SiH(CH_3)Cl_2 \rightarrow CF_3{-}CH_2{-}CH_2{-}Si(CH_3)Cl_2$$

Die Anlagerung vollzieht sich unter Bestrahlung bei Raumtemperatur, in Gegenwart von t-Butylperoxid bei 125 °C oder in Gegenwart von Platin-Kohle bei 250 °C und 70—90 atü.

Bei einem Molverhältnis Trifluorpropen zu Methylchlorsilan von 2:1 erhält man Chlorsilane mit einem 5.5.5-Trifluor-2-(trifluormethyl)-butyl-Rest.

$$2\,CF_3{-}CH{=}CH_2 + SiH(CH_3)Cl_2 \rightarrow CF_3{-}CH_2{-}CH_2{-}\underset{\displaystyle CF_3}{\underset{|}{CH}}{-}CH_2Si(CH_3)Cl_2$$

Diese fluor-enthaltenden Chlorsilane hydrolysieren mit Wasser zu einem klaren, farblosen, viscosen Öl, einem Polysiloxan [71].

$$[CF_3CH_2CH_2Si(CH_3){-}O{-}]_n$$

Die weitere Verarbeitung folgt wie bei einem normalen Siliconkautschuk. Nach Zusatz von Peroxiden kann das Material bei 115—125 °C durchvulkanisiert werden.

So erhaltene Fluorsiliconkautschuk-Typen behalten ebenso wie normale Silicon-Elastomere ihre elastischen Eigenschaften zwischen —70 bis +250 °C bei. Darüber hinaus sind sie gegen Treibstoffe, Öle und aromatische Lösungsmittel resistent. In ihren übrigen mechanischen Eigenschaften kommen sie dem Naturkautschuk sehr nahe [72].

Handelsprodukte sind:

Silastic LS 53®	Dow Corning Corp.
Silastic LS 63®	Dow Corning Corp.

f) Mischpolymerisat Tetrafluoräthylen/Trifluornitrosomethan („Nitroso Rubber") [73]

Die beste Methode zur Herstellung von Trifluornitrosomethan geht aus von Trifluoressigsäureanhydrid.

$$(CF_3CO)_2O + N_2O_3 \rightarrow 2\,CF_3 \cdot CO_2NO \xrightarrow{t} CF_3NO \quad \text{Kp} -74\ °C.$$

Es polymerisiert mit Tetrafluoräthylen im Molverhältnis 1:1 bei −15 °C im Dunkeln nach einem wahrscheinlich radikalischen Mechanismus zu einem Elastomeren der Struktur.

$$-(CF_2-CF_2-\underset{\displaystyle CF_3}{\underset{|}{N}}-O)_x-$$

Die Suspensionspolymerisation gelingt wie folgt:

Ein 150 cm³ VA-Autoklav wird mit 70 cm³ einer LiBr-Lösung (53 g LiBr/100 g H_2O), 2 g $MgCO_3$ und je 8 g C_2F_4 und CF_3NO beschickt. Die Temperatur wird bei −25 °C gehalten. Nach 20^h beträgt der Umsatz 86 Prozent. Das Polymerisat kann mit Aminen bei 120 °C vulkanisiert werden. Es ist beständig gegen Lösungsmittel, Säuren und Laugen, aber löslich in Fluorkohlenwasserstoffen.

Das Produkt ist bisher nicht in den Handel gekommen.

XI. Schädlingsbekämpfungsmittel

Im Pflanzenschutz wurden organische Fluorverbindungen erst verhältnismäßig spät eingeführt, obwohl anorganische Fluoride als Insektizide schon lange bekannt waren. So wurde Natriumfluorid zur Bekämpfung von Schaben und Ameisen benutzt, es erwies sich aber für die Verwendung an grünen Pflanzen zu phytotoxisch. Natriumsilicofluorid dagegen kann als Insektizid bei widerstandsfähigen Pflanzen eingesetzt werden.

Natrium-aluminiumfluorid wurde zur Bekämpfung der Obstmade, des mexikanischen Bohnenkäfers sowie des Baumwollkapselkäfers verwendet. Als erster hat *Schrader* 1936 organische Fluorverbindungen als Insektizide vorgeschlagen. Methansulfofluoride CH_3SO_2F, Kp 121 °C [74], zeigte ausgezeichnete Wirkung als Gas bei der Bekämpfung von Schädlingen. Seine Einführung scheiterte aber an der starken Absorption der Verbindung an Getreide und Lebensmitteln.

Das Formal des β-Fluoräthylalkohols war wohl das erste brauchbare systemische Insektizid $CH_2(OCH_2{-}CH_2F)_2$ Kp_{11} 43 °C [75]. Das Produkt kam aber wegen seiner Giftigkeit nicht in den Handel.

Zur Vertilgung von Nagetieren wurde das Produkt indessen im Jahre 1936 unter der Bezeichnung „Giftpaste 2120" amtlich empfohlen; in USA hat die Firma Monsanto das monofluoressigsaure Natrium unter der Bezeichnung „1080" für den gleichen Zweck vorgeschlagen.

Der Durchbruch der organischen Fluorverbindungen begann mit dem sog. Fluor DDT (DFDT), das unter dem Namen Gix® [76] (Farbwerke Hoechst) auf den Markt kam. Es zeigte gegenüber dem DDT vor allem bei Fliegen eine raschere Anfangswirkung und wurde aus diesem Grunde hauptsächlich während des Krieges und in der Nachkriegszeit in Haushalt und Tierställen in großem Umfange eingesetzt. Durch das Auftreten von Resistenz und wegen des relativ hohen Preises wurde es dann von anderen Präparaten abgelöst.

$$F{-}C_6H_4{-}CH(CCl_3){-}C_6H_4{-}F$$

A. Insektizide

Als Insektizide konnten sich bisher organische Fluorverbindungen nur in bescheidenem Umfange durchsetzen.

1955 brachte Boots Pure Drug. Co. Ltd. ein fluorenthaltendes Akarizid heraus.

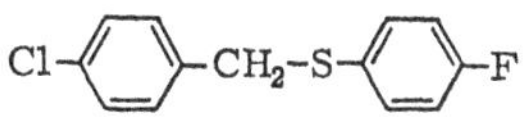

$$Cl-C_6H_4-CH_2-S-C_6H_4-F$$

Fluorparacide = Fluorosulphacide

p-Chlorbenzyl-p-fluorphenylsulfid

Es wirkte gegen Spinnmilbeneier und -larven und wurde zur Anwendung in Aerosolform vorgeschlagen. Es ist phytotoxisch gegen Curbitaceen. Die akute orale toxische Dosis für Ratten liegt über 3 g/kg. 100 ppm in der Diät bei Ratten für 2 Jahre waren ohne ernstere Wirkung. Das Produkt hat sich nicht eingeführt, wahrscheinlich wegen zu raschem Auftreten von Resistenz [77].

Einige Derivate der Fluoressigsäure, die in Versuchsprüfung waren, mußten zurückgezogen werden. Zu erwähnen wären:

1. Megatox® $CH_2F-CONH_2$ Fisons Pest Cont. [78].

Es ist ein systemisches Insektizid.

2. N-Fluoracetyl-N'-phenyl-harnstoff Farbwerke Hoechst [79].

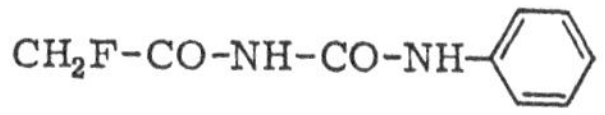

$$CH_2F-CO-NH-CO-NH-C_6H_5$$

Auch dieses Produkt ist ein breit wirksames systemisches Insektizid.

Diese Verbindungen hielten sich mehrere Wochen in der Pflanze und schützten sie während dieser Zeit vor dem Fraß durch Insekten.

Seit einiger Zeit sind die Fluoressigsäure und ihre Abwandlungsprodukte im Pflanzenschutz in Deutschland grundsätzlich verboten.

In Japan ist allerdings bis vor kurzem noch ein Derivat der Fluoressigsäure im Handel gewesen:

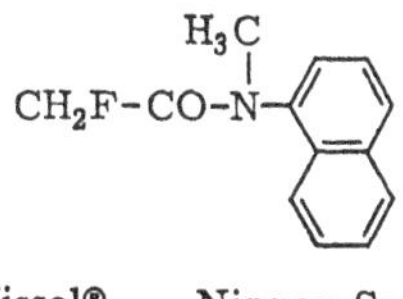

$$CH_2F-CO-N(CH_3)-C_{10}H_7$$

Nissol® Nippon Soda

N-Methyl-N-(1-naphthyl)-monofluoracetamid [80]

LD 50 115 mg/kg Ratte

Das Produkt ist wirksam gegen rote Spinne, Blatt- und Schildläuse. Einsatzgebiete sind Citrus, Äpfel und Birnen. Man rechnet mit einem jährlichen Umsatz von 300 t [81]. Ob das Produkt auch heute noch im Handel ist, konnte nicht festgestellt werden.

Die folgenden beiden Phosphorester seien nur erwähnt, da sie im eigentlichen Sinn des Wortes nicht zu den organischen Fluorverbindungen gezählt werden können.

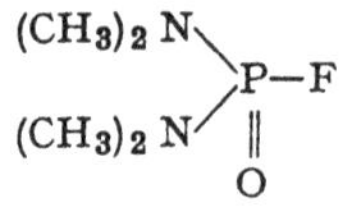

$$[(CH_3)_2N]_2P(=O)-F$$

Dimefox Fisons Pest Control Ltd.

Bis-(dimethylamino)-phosphorylfluorid

LD 50 5 mg/kg Ratte

Das Produkt war erstmalig von *G. Schrader* schon 1940 hergestellt worden [82]. Die Verbindung ist systemisch und wird als Akarizid und Insektizid eingesetzt.

Ein Abwandlungsprodukt ist

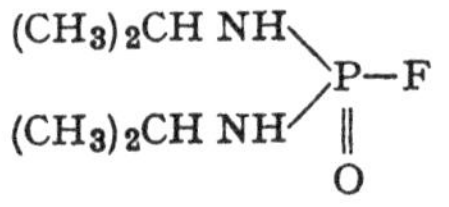

$$[(CH_3)_2CH\,NH]_2P(=O)-F$$

Mipafox® Fisons Pest Control Ltd.

Bis-(isopropylamino)-phosphorylfluorid [83]

LD 50 25—50 mg/kg Ratte

Vor kurzem brachte Fisons Pest Control ein fluor-enthaltendes Benzimidazol-Derivat heraus.

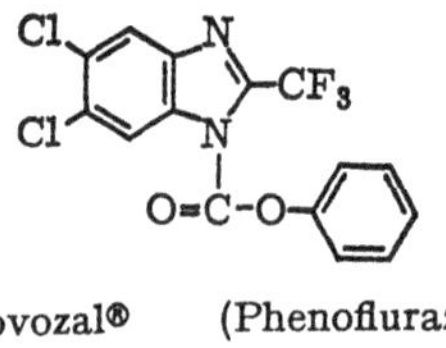

$$\text{5,6-}Cl_2C_6H_2\text{-benzimidazol: 2-}CF_3\text{, 1-N-}C(=O)-O-C_6H_5$$

Lovozal® (Phenoflurazol)

1-Carbphenoxy-2-trifluormethyl-5.6-dichlorbenzimidazol

LD 50 230—280 mg/kg Ratte

Das Produkt wird empfohlen zur Bekämpfung der roten Spinne im Obstbau. Die Wirkungsdauer auf den behandelten Pflanzen beträgt bei einer Wirkstoffkonzentration von 0,05% ca. 3 Wochen [84].

Die Darstellung geht aus dem 4,5-Dichlor-o-phenylendiamin, das mit Trifluoressigsäure zum 2-Trifluormethyl-5.6-dichlorbenzimidazolring geschlossen wird. Anschließend wird am Stickstoff mit dem Chlorkohlensäureester des Phenols acyliert.

B. Fungizide

Das erste organische fluor-enthaltende Fungizid war das von den Farbwerken Hoechst gefundene Soltasan® = Fluorstearinsaures-Natrium. Es war vor dem 2. Weltkrieg eine zeitlang im Handel. Es war vorgeschlagen worden für die ersten Peronospora-Spritzungen im Weinbau als Ersatz und zur Einsparung von Kupfer. Das Präparat wurde von der Biologischen Reichsanstalt nicht anerkannt. Vor kurzem brachte Bayer-Leverkusen das Fungizid Euparen® = Dichlorfluanid heraus

$$(CH_3)_2N-SO_2-N(C_6H_5)-S-CFCl_2$$

N,N-Dimethyl-N'-phenyl-(N'-fluordichlormethylthio)-sulfamid [85]

LD 50 1000 mg/kg Ratte

Die Darstellung geht aus vom NN-Dimethyl-N'-phenylsulfamid, das mit Fluordichlormethylsulfenylchlorid in Gegenwart von Triäthylamin umgesetzt wird.

Fluordichlormethylsulfenylchlorid erhält man durch Einwirkung von Fluorwasserstoff auf Perchlormethylmercaptan [86].

$$CCl_3SGl + HF \rightarrow CFCl_2SCl + HCl$$

Euparen® wird nicht von der Haut resorbiert und besitzt auch keine hautreizende Eigenschaften. Bei Fütterungsversuchen über 4 Monate an Ratten wurden täglich 1000 ppm ohne Schädigung vertragen.

Euparen® ist bei einer Reihe von pilzparasitären Erkrankungen wirksam. So wird es mit Vorteil eingesetzt zur Bekämpfung von Grauschimmel der Erdbeeren, von Schorf bei Obst, von Peronospora der Reben und beim echten Mehltau der Rosen.

Chemisch ist es interessant, daß bei Ersatz der $CFCl_2$-S-Gruppe durch die CF_2Cl-S-Gruppe die Wirkung sehr stark sinkt. Die Trifluormethylthio-Derivate sind praktisch wirkungslos.

C. Herbizide

Derivate des Harnstoffes vom Typ des N-Phenyl-N'.N'-dimethylharnstoffs, eine in USA gefundene herbizide Wirkstoffgruppe haben in den letzten Jahren erhebliche Bedeutung gewonnen. In dieser Gruppe wurde auch ein fluor-enthaltendes selektives Herbizid gefunden.

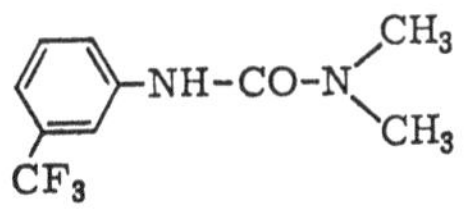

$$m\text{-}CF_3\text{-}C_6H_4\text{-}NH\text{-}CO\text{-}N(CH_3)_2$$

Cotoran® (Fluormeturon) Ciba [87]

N-(3-Trifluormethyl)-phenyl-N-.N'-dimethylharnstoff

LD 50 8,9 g/kg Ratte

Die Darstellung geht aus vom m-Aminobenzotrifluorid, das entweder mit Phosgen in das Isocyanat übergeführt wird und anschließend mit Dimethylamin den Harnstoff gibt, oder man setzt Aminobenzotrifluorid mit Dimethylcarbaminsäurechlorid um.

Cotoran® wird in erster Linie zur Bekämpfung von Unkräutern in Baumwollkulturen verwendet.

Nitrogruppen enthaltende Diphenyläther sind schon längere Zeit als selektive Herbizide in Prüfung.

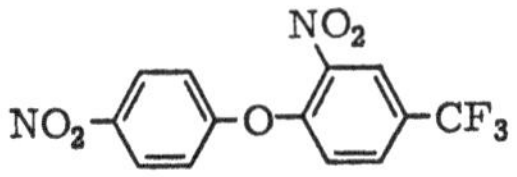

$$NO_2\text{-}C_6H_4\text{-}O\text{-}C_6H_3(NO_2)\text{-}CF_3$$

C 6989 Preforan® Ciba

2,4'Dinitro-4-trifluormethyldiphenyläther

LD 50 15 g/kg Ratte

Auf der 9th British Weed Control Conference, Nov. 1968 Brighton S 1026 wurde das Produkt näher vorgestellt und hauptsächlich zur Unkrautbekämpfung im Reis, außerdem in der Baumwolle, im Mais und in Sojabohnen empfohlen.

Ein anderes selektives Herbizid ist Treflan®, Eli Lilly/USA, Trifluoralin [88].

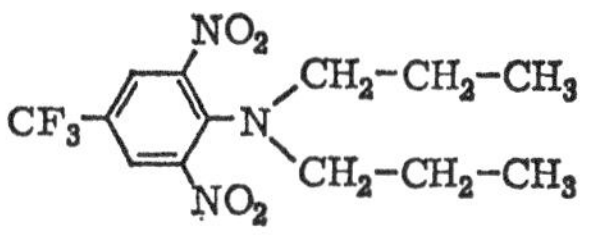

$$CF_3-C_6H_2(NO_2)_2-N(CH_2-CH_2-CH_3)_2$$

LD 50 > 10 g/kg Ratte

Die Darstellung geht aus vom p-Chlorbenzotrifluorid. Bei Nitrierung erhält man 4-Chlor-3,5-dinitrobenzotrifluorid. Das Chlor kann nun leicht zum 3,5-Dinitro-4-dipropylamino-1-benzotrifluorid umgesetzt werden.

Die Verbindung besitzt keinerlei hautschädigende Wirkung. Ein Zusatz von 2 ppm zum Futter wurde 2 Jahre ohne Schädigung vertragen. Trifluoralin wird im wesentlichen in Baumwollkulturen verwendet. Im Gegensatz zu Fluometuron das auf die Oberfläche gespritzt wird, wird Trifluoralin in den Boden eingearbeitet. Es bedarf keiner Regenfälle um zur Wirkung zu kommen.

Ein Derivat des Treflans ® ist das Balan® (Eli Lilly)

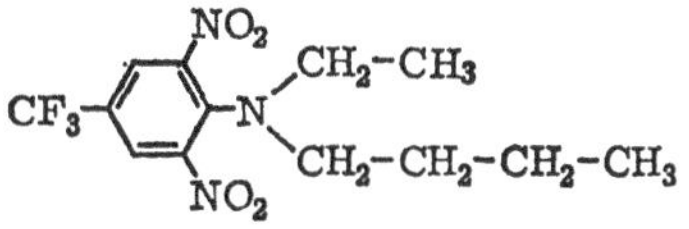

$$CF_3-C_6H_2(NO_2)_2-N(CH_2-CH_3)(CH_2-CH_2-CH_2-CH_3)$$

Benefin

Seine Löslichkeit in Wasser beträgt 70 ppm bei 25 °C, die von Treflan® ist kleiner als 1 ppm.

Die akute orale Dosis *LD* 50 liegt bei 10 g/kg Ratte.

Der Einsatzbereich von Balan® ist größer als der von Treflan®. Außer bei Baumwolle, wird es auch bei Salat, Luzerne, Rotklee und Gurken empfohlen.

Ein fluor-enthaltendes Benzimidazolderivat war längere Zeit als Herbizid in Prüfung.

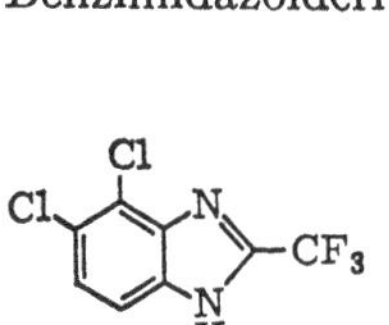

(Strukturformel: 4,5-Dichlor-2-trifluormethylbenzimidazol; Cl, Cl, N, CF_3, N–H)

NC 3363 Chlorflurazol Fisons Pest Control Ltd.

4,5-Dichlor-2-trifluormethylbenzimidazol [89)]

LD 50 300—400 mg/kg Ratte

Der Wirkungsmechanismus beruht auf der oxidativen Phosphorylierung. In bestimmten Dosierungen wird auch die Photosynthese gehemmt. Bei der Blattbehandlung tritt eine schnelle Vertrocknung der Blätter ein, bei der Bodenbehandlung wird Keimhemmung beobachtet.

Einsatzgebiete liegen im wesentlichen bei den Getreidearten. Es werden nur breitblättrige Unkräuter bekämpft, wie Vogelmiere, Knöterich, Hederich, Ackersenf u.a. Die Wirkung ist gut und schnell. Das Produkt ist bis jetzt noch nicht in den Handel gekommen [90].

Ein weiteres Herbizid auf Imidazolbasis ist

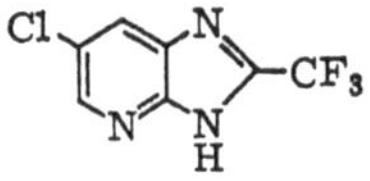

Cl, N, N, N H, CF_3

NC 4780 Nortron® Fisons Pest Control

6-Chlor-2-trifluormethyl-imidazol-(4,5b)-pyridin [91]

LD 50 30—35 mg/kg Ratte

Einsatzgebiete sind Mais, Erbsen, Bohnen.

Auch dieses Produkt ist noch nicht im Handel.

D. Lampretenbekämpfung

Die Bekämpfung der Lampreten in Nutzfischgewässern gehört zur Schädlingsbekämpfung und ist von großer wirtschaftlicher Bedeutung, vor allem in den großen Seengebieten von Nordamerika und Canada.

Die Lamprete, in Deutschland Flußneunauge genannt, ist ein aalähnlicher Schmarotzer, der sich an den Fischen (insb. Forellen) festsaugt und sie langsam tötet.

Die Bekämpfung wurde vom Fish & Widlife Service mit Elektrozäunen und mit chemischen Mitteln angegangen. Als beste Zeit zur Bekämpfung erwies sich das Frühjahr, wenn die jungen Lampreten nach mehrjähriger Entwicklungszeit in den Bächen, wo sie geboren wurden, ihre Reise in die Seen antreten.

Es wurde gefunden, daß bei Zusatz geringer Mengen bestimmter Phenole zum Wasser die Lampreten, aber nicht die Fische getötet werden. Als besonders wirksam hat sich Lamprezid® erwiesen [92] (Farbwerke Hoechst).

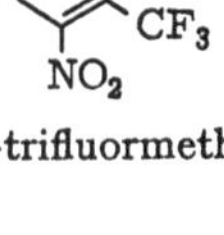

OH, CF_3, NO_2

4-Nitro-3-trifluormethyl-phenol

Lamprezid-Wirkstoff hat eine *LD* 50 von 30 mg/kg Ratte. 2 ppm im Wasser töten die Lampreten, aber nicht die Fische.

XII. Pharmazeutika

Fluor-enthaltende Pharmazeutika

Sehr lange hat es gedauert, bis sich organische Fluorverbindungen auf dem Pharmasektor durchsetzen konnten, obwohl schon 1939 ein Fluor enthaltendes Tyrosin

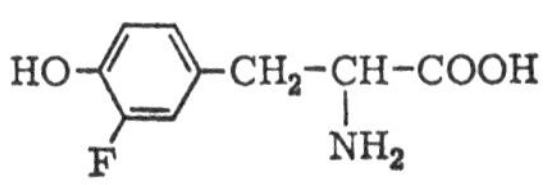

$$\text{HO}-\text{C}_6\text{H}_3(\text{F})-\text{CH}_2-\underset{\text{NH}_2}{\underset{|}{\text{CH}}}-\text{COOH} \quad {}^{93)}$$

unter dem Namen Pardinon® von Bayer-Leverkusen zur Bekämpfung von Hyperthyreosen in den Handel kam. Einige Jahre später wurde eine weitere Fluorverbindung für den gleichen Zweck vorgeschlagen. Die 3-Fluor-4-hydroxyphenylessigsäure, das Kapacin® der Knoll AG.

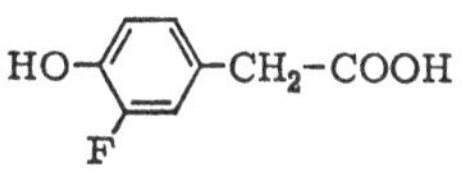

$$\text{HO}-\text{C}_6\text{H}_3(\text{F})-\text{CH}_2-\text{COOH} \quad {}^{94)}$$

Der Durchbruch gelang erst Ende der 50er Jahre. Technische Bedeutung haben fluor-enthaltende Steroide, Neuroleptika und Anästhetika erlangt [95].

Fluor-enthaltende Steroide

1948 erkannte *P. S. Hench* die entzündungshemmende bzw. antiphlogistische Wirkung der Glucocorticosteroide bei rheumatischen Erkrankungen [96].

Weiter zeigte sich, daß diese Körperklasse zusätzlich stark antiallergisch, antitoxisch und antiproliferativ wirkt sowie eine Bremsung überschüssiger mesenchymaler Reaktionen herbeiführt. Die Glucocorticosteroide üben also neben ihrer hormonalen eine pharmakodynamische Wirkung aus und haben deshalb große Bedeutung erlangt. Allerdings ist die eigentliche glucocorticoide sowie besonders die mineralcorticoide Wirksamkeit bei der pharmakodynamischen Therapie nur in wenigen speziellen Fällen erwünscht, so daß bald starke Bestrebungen im Gange waren, diese unerwünschten Wirkungsweisen durch geringfügige chemische Veränderungen des Corticosteroid-Moleküls auszuschließen.

Einen großen Aufschwung erlebte die Forschung auf dem Corticoid-Gebiet, als *Fried* 1953 die 9 α-Halogen-11-β-hydrocortisone herstellte [97].

Dabei zeigte es sich zu allgemeiner Überraschung, daß sich diese 9 α-Halogen-hydrocortisone durch eine unerwartete, starke Steigerung der glucocorticoiden bzw. antiphlogistischen Wirksamkeit gegenüber den bis dahin bekannten natürlichen Corticosteroden auszeichnen. Die Wirkung steigt von Jod über Brom und Chlor zum Fluor stark an.

Die Verbindung

21 CH_2OH | CH_3 C=O HO 12 --OH H_3C 9 17 16 2 1 F 6 O

zeigt etwa eine 9mal stärkere glucocorticoide Aktivität als Cortisol.

21 CH_2OH | CH_3 CO HO 12 ---OH H_3C 17 16 2 1 9 6 O

Leider mußte man aber auch feststellen, daß mit der Steigerung der glucocorticoiden Wirkung eine starke Zunahme der unerwünschten mineralcorticoiden Eigenschaften verbunden ist.

Aus diesem Grund besitzen diese Derivate trotz ihrer starken glucocorticoiden Aktivität nur eine begrenzte Verwendbarkeit. Sie werden heute oral und parenteral ausschließlich zur Behandlung der Addisonschen Krankheit sowie lokal bei entzündlichen allergischen Dermatosen und Ekzemen herangezogen.

Handelspräparat für 9 α-Fluorcortisol sind Florinef® (Squibb) und Scherofluron® (Schering), für das 9 α-Fluorcortisol-21-acetat Alflorone® und F-Cortefacetate.

Die 9 α-Fluorcorticosteroide erhält man auf folgendem Wege [98]:

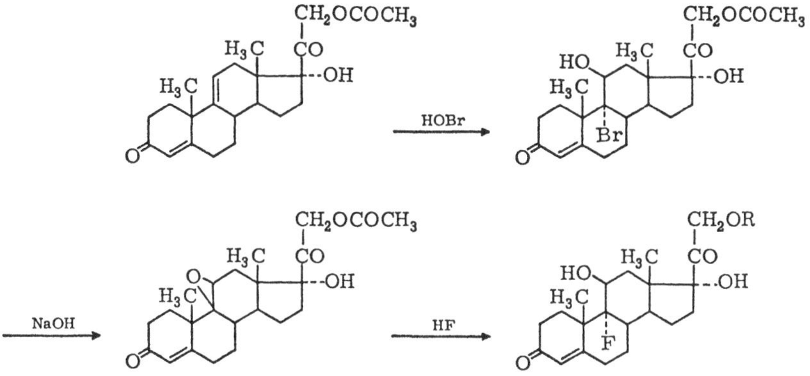

Ein entscheidender Fortschritt auf dem Gebiet der Corticosteroide wurde erreicht, als es 1955 der Schering Corp. (USA) durch Einführung einer $\Delta^{1(2)}$-Doppelbindung in das Cortico-steroid-Gerüst gelang, die glucocorticoide Wirkung um etwa das 4- bis 5-fache des Cortisols bzw. des Cortisons zu erhöhen, aber gleichzeitig die mineralcorticoide Nebenwirkung auf etwa 1/3 des ursprünglichen Wertes zu senken [99].

Das durch Einführung der $\Delta^{1(2)}$-Doppelbindung in das 9 α-Fluorhydrocortison mit SeO_2 [100] oder mikrobiologisch mit Corynebacterium simplex [101] erhaltene 9 α-Fluorprednisolon

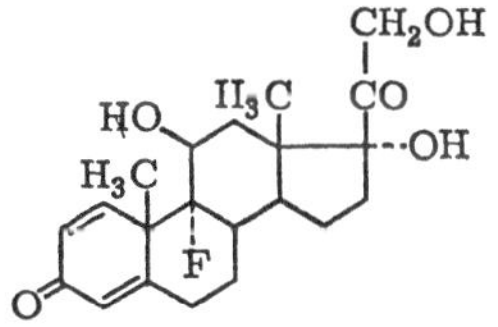

zeigt die etwa 20-fache glucocorticoide Wirkung des Hydrocortisons. Da aber die Mineralcorticoidwirkung dabei nicht reduziert wird, bleibt die therapeutische Anwendung begrenzt. Das 9 α-Fluorprednisolon-21-acetat ist unter dem Namen Predef® zur lokalen Applikation im Handel (Upjohn).

1956 gelang es *Bernstein* [102] durch Einführung einer 16 α-Hydroxyl-Gruppe in das Grundgerüst des 9 α-Fluorprednisolons die mineralcorticoiden Nebenwirkungen fast vollständig zu eliminieren. Das 9 α-Fluor-16 α-hydroxyprednisolon oder Triamcinolon kam unter den Handelsnamen Delphicort® (Lederle), Volon® (Squibb), Adcortyl®, Aristocort®, Kenacort®, Ledercort in den Handel. Es ist ein wertvolles Antiphlogisticum, das selbst bei einer über einen längeren Zeitraum anhaltenden Therapie den Mineralhaushalt nicht nennenswert beeinflußt. Die Darstellung geht vom Cortisol-21-acetat aus. Man stellt zunächst das 3.20-Bis-äthylenketal her, das nach Dehydratisierung der 11 β- u. 17 α-Hydroxylgruppen, alkalischer Verseifung der 21-Acetat-Gruppe, Entketalisierung der Ketalgruppe in 3- und 20-Stellung sowie Reacetylierung der 21-Alkohol-Gruppe in das 21-Acetoxy-$\Delta^{4,9(11)16}$-pregnatrien-3,20-dion überführt wird. Nach selektiver Hydroxylierung der Δ^{16}-Doppelbindung mit Osmiumtetroxyd in Pyridin/Benzol wird nach der beim 9 α-Fluorcortisol angewandten Methode die Doppelbindung in die 9 α-Fluor-11 β-hydroxyl-Gruppierung umgewandelt. Dann führt man mikrobiologisch die Δ^{1}-Doppelbindung ein und erhält nach Verseifung das Triamcinolon

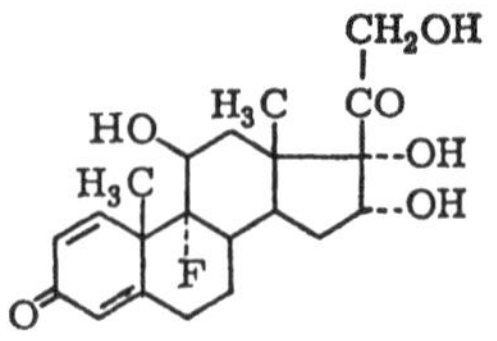

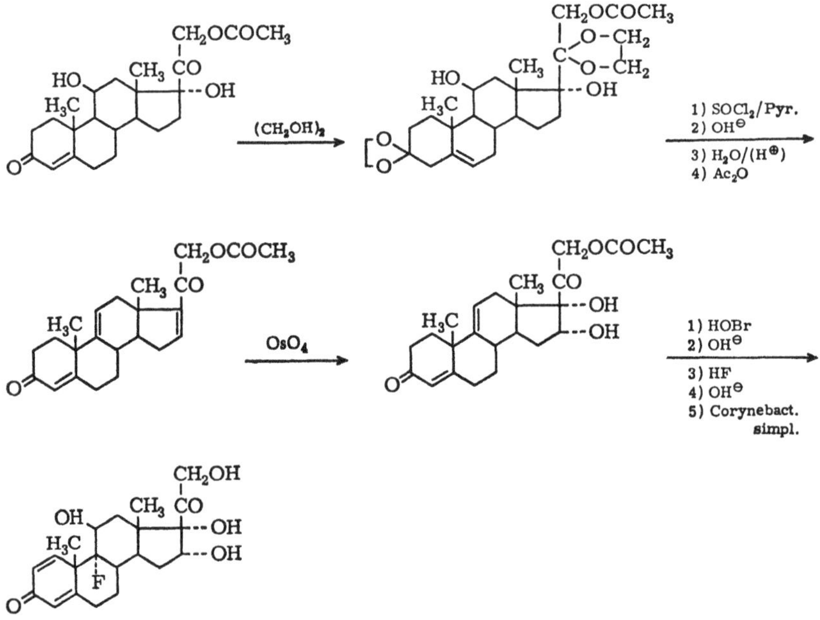

Nach einem Vorschlag von *Thoma* [103] kann die 16 α-Hydroxylgruppe direkt mikrobiologisch in 9 α-Fluorprednisolon eingeführt werden.

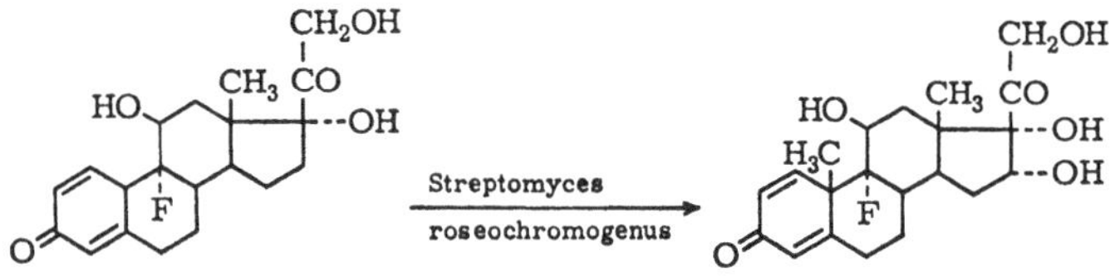

Streptomyces roseochromogenus

Die Einführung einer 6 α-Methylgruppe in das Cortico-steroid-Gerüst, die von Upjohn [104] und British Drug Houses [105] vorgenommen wurde, führte zu Verbindungen mit erheblich gesteigerter glucocorticoider sowie reduzierter mineralcorticoider Wirksamkeit.

Ein Vertreter ist das 21 Desoxy-6 α-methyl-9 α-fluorprednisolon

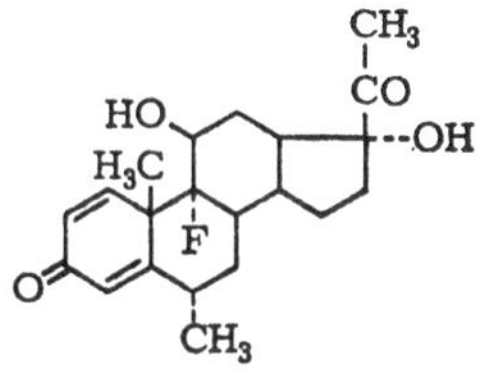

das unter dem Namen Delmeson® (Farbwerke Hoechst) zur lokalen Therapie von entzündlichen Hauterkrankungen große Bedeutung erlangt hat.

Durch Einführung einer Methylgruppe in die 16 α-Stellung des Corticoid-Moleküls erhält man ebenfalls eine starke Steigerung der glucocorticoiden bzw. antiphlogischen Wirksamkeit bei gleichzeitiger starker Reduzierung der mineralcorticoiden Eigenschaften [106]. So wirkt das 16 α-Methyl-9 α-fluor-prednisolon, Dexamethason, bei nur geringer Mineralwirksamkeit etwa 30- bis 40mal stärker antiphlogistisch als Hydrocortison.

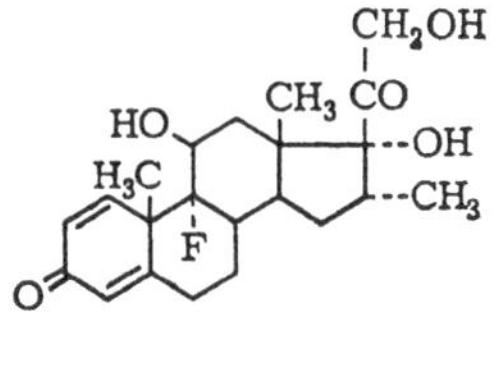

Dexamethason wird deshalb mit gutem Erfolg oral, parenteral und lokal zur Behandlung von allen entzündlich bedingten sowie rheumatischen und allergischen Erkrankungen verabreicht. Handelspräparate sind: Decadron® (Merck, USA), Deronil® (Schering, USA), Dexa-Scheroson® (Schering, Berlin), Fortecortin® (Merck, Darmstadt), Millicorten® (Ciba) und Dectanyl®.

Die 16 α-Methylgruppe wird durch 1.4-Addition von Methylmagnesiumjodid in Gegenwart von Kupfer(II)-chlorid in Δ^{16}-20-Ketosteroide eingeführt.

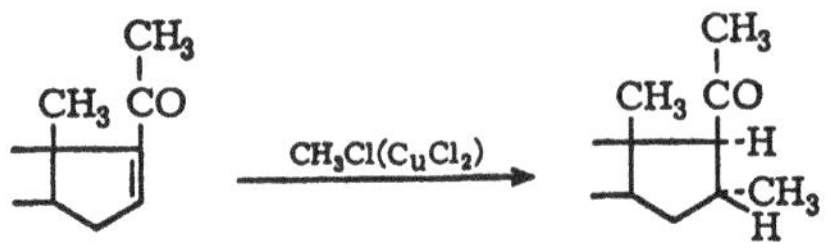

Für die weiteren Schritte, die zum Dexamethason führen, sei auf die Originalliteratur verwiesen [107].

Auch die entsprechenden 16 β-Methyl-corticosteroide zeichnen sich durch erhöhte glucocorticoide Wirksamkeit bei stark reduzierter Beeinflussung des Mineralhaushaltes aus. Sie kommen in ihrer antiphlogistischen Aktivität den 16 α-Methylcorticoiden gleich.

Das 16 β-Methyl-9 α-fluorprednisolon, das Betamethason, hat deshalb große Bedeutung für die orale, parenterale und lokale Therapie gefunden.

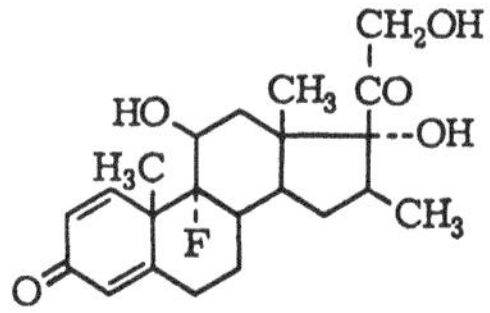

Handelspräparate sind: Betnelan® (Glaxo Labor England) und Celeston® (Schering/USA). Die 16 β-Methylgruppe wird ebenfalls in einer entsprechenden Vorstufe eingeführt [108]. Durch Umsetzung der Δ^{16}-20-Ketoverbindung mit Diazomethan [109] erhält man zunächst das 16 α. 17 α-Pyrazolin-Derivat, dessen Pyrolyse bei etwa 200 °C die homologe 16-Methyl-Δ^{16}-20-keto-Verbindung liefert. Katalytische Hydrierung führt zur 16 β-Methyl-20 ketosteroid-Verbindung, die dann nach üblichem, teilweise modifiziertem Verfahren die gewünschten 16 β-Methylcorticosteroide liefert.

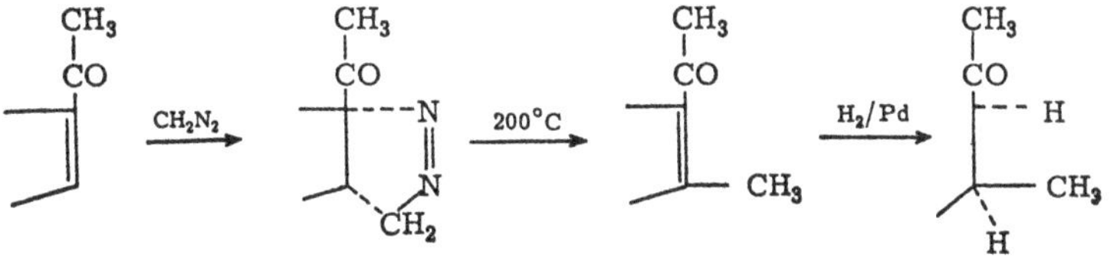

CH_3 CO $\xrightarrow{CH_2N_2}$ CH_3 CO N N CH_2 $\xrightarrow{200°C}$ CH_3 CO CH_3 $\xrightarrow{H_2/Pd}$ CH_3 CO H CH_3 H

Durch Einführung von Fluor in die 6 α-Position erreicht man eine starke Steigerung der glucocorticoiden Wirksamkeit bei gleichzeitiger Eliminierung der mineralcorticoiden Eigenschaften [110].

Dabei zeigen auch hier die 6 α-Fluorderivate gegenüber den homologen Halogenverbindungen die stärkere antiphlogistische Wirkung. So übt das 6 α-Fluorhydrocortison

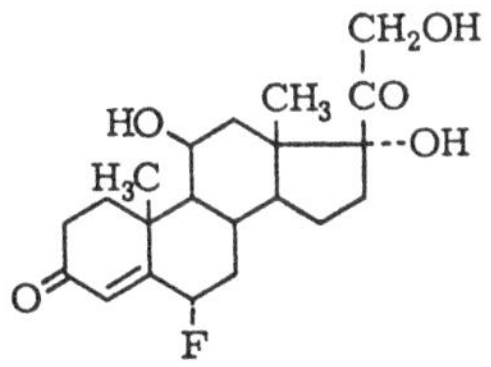

CH_2OH CH_3 CO HO OH H_3C O F

bei starker entzündungshemmender Wirkung keine Natrium-Retention mehr aus, sondern zeigt sogar wie das Triamcinolon eine geringfügige NaCl-Ausscheidung, es wirkt also schon schwach diuretisch. 6 α-Fluorhydrocortison hat etwa die 10- bis 20-fache entzündungswidrige Wirkung des Hydrocortisons.

Die Einführung des Fluors geschieht in diesem Fall nicht über einen Epoxidring, sondern durch Behandlung mit Flußsäure und Bromsuccinimid, die wie FBr wirken, das sich an die Δ^5-Doppelbindung anlagert. Anschließende Oxydation der 3-Hydroxylgruppe und Eliminierung von HBr führt zu 6 β-Fluor-Δ^4-3-ketosteroiden. Durch saure Isomerisierung der 6 β-Fluorgruppe erhält man dann die 6 α-Fluor-Δ^4-3-ketosteroide [111].

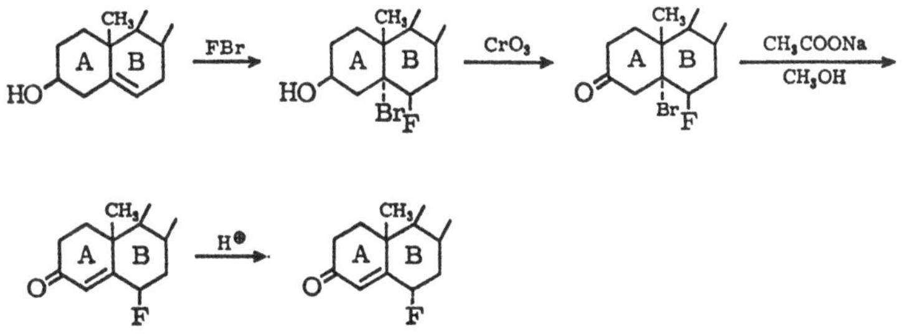

CH_3 A B HO $\xrightarrow{FBr}$ CH_3 A B HO Br F $\xrightarrow{CrO_3}$ CH_3 A B O Br F $\xrightarrow[CH_3OH]{CH_3COONa}$

CH_3 A B O F $\xrightarrow{H^{\oplus}}$ CH_3 A B O F

Ein anderes Verfahren bedient sich der Umsetzung von 3-Enolacetaten mit Perchlorylfluorid ($FClO_3$) in Dioxan als Lösungsmittel [112].

Von den 6 α-Fluorcorticosteroiden leiten sich infolge ihrer günstigen pharmakodynamischen Wirkung und ihrer fast fehlenden mineralcorticoiden Nebenwirkung eine Reihe von Handelspräparaten ab. 6 α-Fluorprednisolon ist im Alphadrol® (Upjohn), 6 α-Fluor-16 α-methylprednisolon-21-acetat in Haldrone® (Eli Lilly) und Monocortin® (Grünenthal) enthalten.

1958 stellte *Fried* [113] durch Einwirkung von Aldehyden und Ketonen auf 16 α. 17 α-Dihydroxycorticosteroiden die entsprechenden Acetale bzw. Ketale her. Zur allgemeinen Überraschung zeigten diese Verbindungen gegenüber ihren schon beträchtlich wirksamen Grundkörpern eine weitere starke Zunahme der glucocorticoiden bzw. antiphlogistischen Wirksamkeit. Besonders die vom Aceton hergeleiteten 16 α. 17 α-Acetonide standen bald im Brennpunkt des allgemeinen Interesses. Hinsichtlich ihres Verhaltens auf den Mineralhaushalt zeigten die Acetonide einen beachtlichen diuretischen Effekt. Trotzdem haben diese Verbindungen als wirksame Bestandteile von Salben, Suspensionen usw. zur lokalen Behandlung vieler entzündlicher und allergisch bedingter Dermatosen weite Bedeutung erlangt.

So sind das Triamcinolon-acetonid, das 9 α-Fluor-16 α-hydroxyprednisolon-16 α. 17 α-acetonid,

CH_2OH, CH_3, CO, HO, CH_3, O, CH_3, CH_3, F, O

als Aristoderm® (American Cyanamid) und Kenalog® (Squibb) sowie das 6 α-Fluor-triamcinolon-acetonid, das 6 α. 9 α-Difluor-16 α-hydroxyprednisolon-16 α. 17 α-acetonid

CH_2OH, CH_3, CO, HO, CH_3, O, CH_3, CH_3, F, F, O

als Synalar® (Syntex) bzw. Jellin® (Grünenthal) und das 6 α-Fluor-16 α-hydroxy-cortisol-16 α. 17 α-acetonid

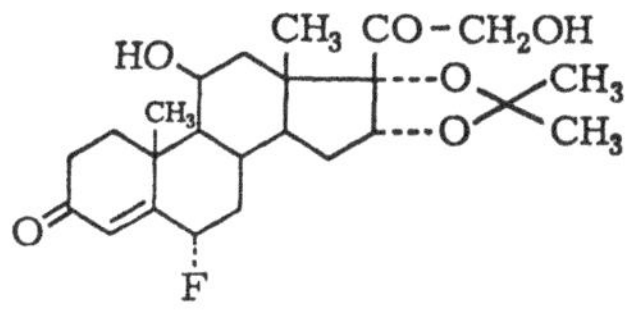

als Cordran® (Syntex) im Handel.

Auch chemische Abwandlungen an anderen als bisher beschriebenen Positionen des Corticoidgerüstes führten zu Corticosteroiden mit gesteigerter oder zumindest gleichbleibender glucocorticoider bzw. antiphlogistischer Wirkung. So wird durch Einführung einer 2 α-Methylgruppe in das Molekül des 9 α-Fluorcortisols das 2 α-Methyl-9 α-fluorcortisol

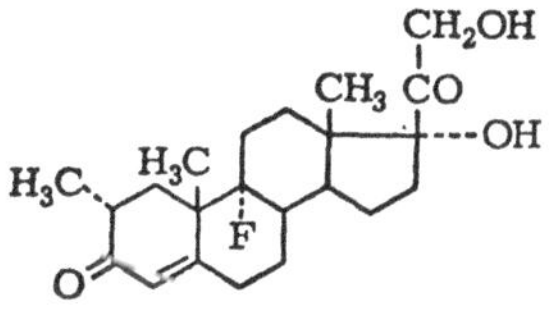

erhalten, das eines der stärksten Mineralcorticoide ist. Die Substitution des 21-C-Atoms der 17-Corticosteroidseitenkette durch eine Methylgruppe führt zu Verbindungen deren Mineralwirksamkeit bei unverändert bleibender glucocorticoider Aktivität fast vollständig verschwindet. Ein repräsentativer Vertreter dieser Gruppe ist das 21-Methyl-9 α-fluorprednisolon.

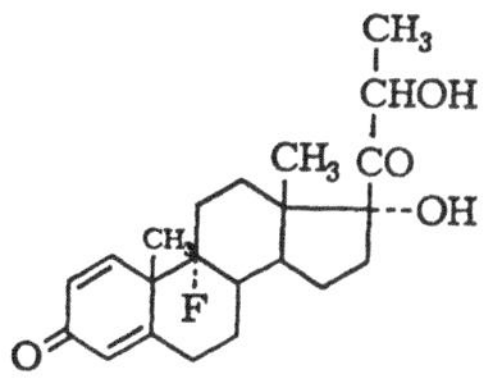

In diesem Zusammenhang sei auf die Ergebnisse der Firma Merck/USA hingewiesen, die durch Angliederung eines substituierten Pyrazolrings an den Ring A der Corticosteroide erzielt wurden [114].

So sollen beispielsweise die Pyrazolderivate

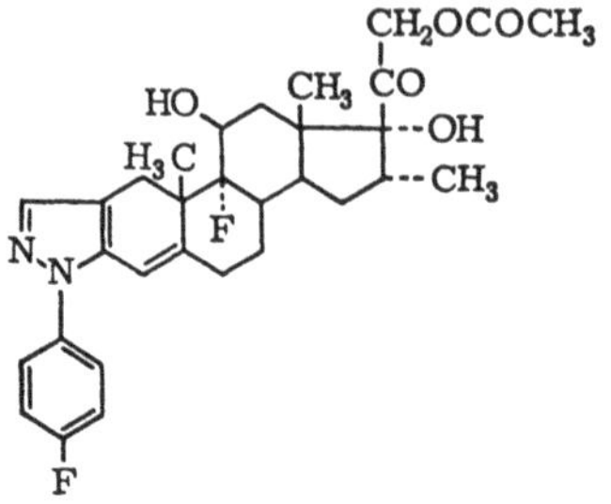

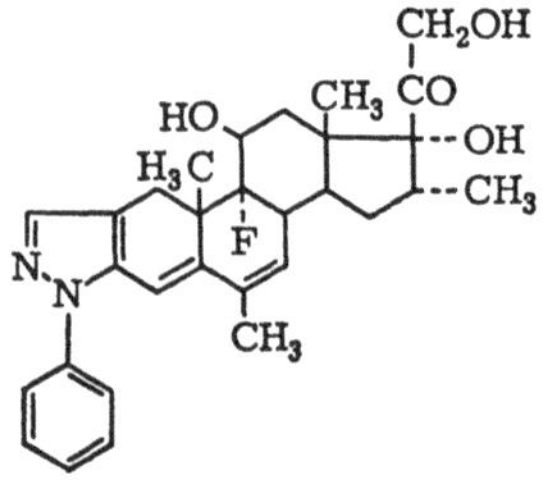

im Tierversuch die 500fache bzw. 2000fache entzündungshemmende Wirkung des Cortisols aufweisen.

Schon 1935 beobachtete *Kochakian* [115)], daß androgene Hormone mehr oder weniger anabolisch wirken, d.h., daß sie die *Eiweißsynthese* fördern und allgemein das Gewebewachstum anregen. So besitzt Testosteron ausgesprochen anabolische Eigenschaften. Das Ziel zahlreicher Arbeiten war es nun, Verbindungen mit hoher anabolischer, aber nur geringer oder, wenn möglich, überhaupt fehlender androgener Wirkung aufzufinden. Das letztere ist bis jetzt nicht erreicht worden.

Die wichtigsten Handelspräparate lassen sich chemisch in drei Hauptgruppen einteilen:

Anabolica der 19-Nor-Reihe, der Androstan-Reihe und der Testosteron-Reihe. Von dem letzteren sind auch fluor-haltige Derivate hergestellt worden.

In Anlehnung an Arbeiten auf dem Corticoid-Gebiet wurde in entsprechende Androsten-Derivate ein Fluoratom eingeführt. Das 9 α-Fluor-11 β-hydroxy-17 α-methyltestosteron = Fluoxymesteron

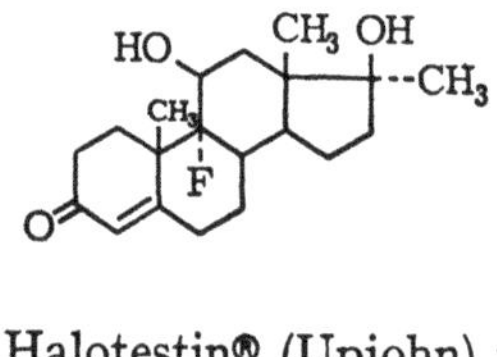

fand unter dem Namen Halotestin® (Upjohn) und Ultandren® Eingang in die Praxis. Es besitzt die 20-fache anabole Wirkung im Vergleich zu 17 α-Methyltestosteron

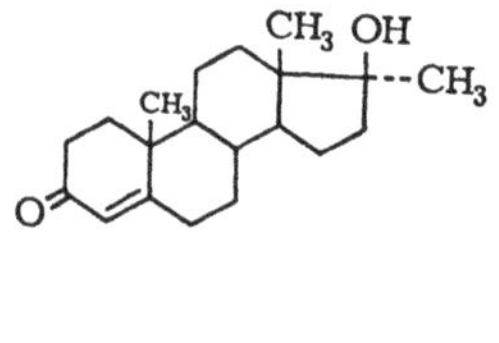

Zur Herstellung geht man vom Δ^4-Androsten-11 β-ol-3.17-dion aus [116]:

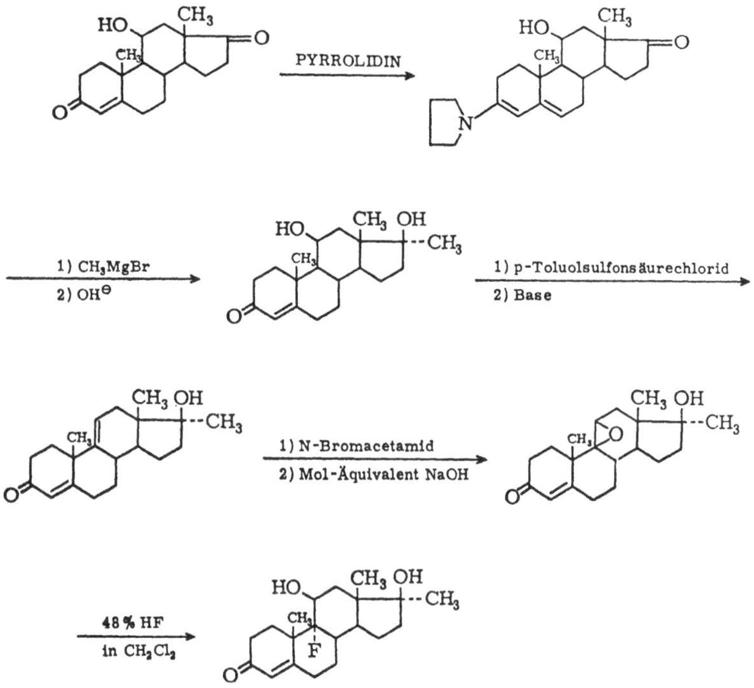

PYRROLIDIN

1) CH_3MgBr
2) $OH^{\ominus}$

1) p-Toluolsulfonsäurechlorid
2) Base

1) N-Bromacetamid
2) Mol-Äquivalent NaOH

48 % HF
in CH_2Cl_2

B. Fluor enthaltende Neuroleptika

Neuroleptika gehören in die Gruppe der Psychopharmaka. Sie besitzen einen mehr oder weniger starken sedativ-hypnogenen Effekt, der vorübergehend in einen schlafähnlichen Zustand übergehen kann. Wenn sie dennoch nicht als Sedativa oder Hypnotica bezeichnet werden, so deswegen, weil auch ihre Dauergabe die notwendigen Bewußtseinsqualitäten intakt läßt. Sie zeichnen sich vor allem durch eine heilungsfördernde Wirkung gegenüber Psychosen aus. Unter den Stoffgruppen für die Synthese von Neuroleptika spielen die Phenothiazine eine wesentliche Rolle. 1952 erschienen erste Literaturhinweise auf die psychotrope Wirkung von Phenothiazin-Derivaten und ihre Anwendungsmöglichkeit in der Psychiatrie. Aus dem Grundkörper dieser Stoffreihe ließen sich sowohl durch Variation der Substituenten am Kohlenstoffatom in 2-Stellung des Ringsystems zahlreiche neue, therapeutisch wertvolle Verbindungen herstellen und in der Therapie der Geisteskrankheiten anwenden.

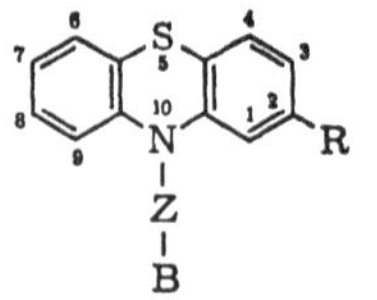

Die Substituenten R am Ringsystem müssen stets in Position 2 angeordnet sein, wobei in der Reihenfolge

$$H < Cl < OCH_3 < COCH_3 < CF_3$$

die Wirksamkeit bis auf das 8fache steigt.

Drei Trifluormethylgruppen enthaltende Neuroleptika sind im Handel [117].

Das Trifluorpromazin Psyquil® (Heyden), Vesprin® (Squibb), Niroman® (Smith, Kline & French),

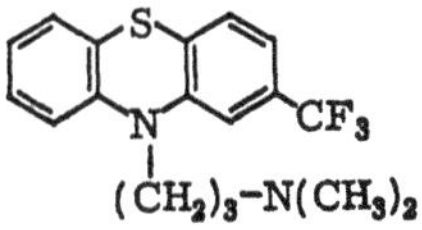

das Trifluorperazin Stelazine® (Smith, Kline & French) Jatroneural® (Röhm & Haas)

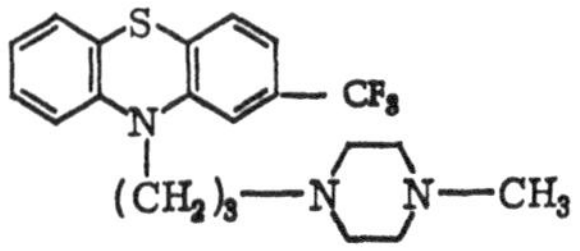

und das Fluphenazin (Lyogen® (Byk-Gulden) Omca® (Heyden)

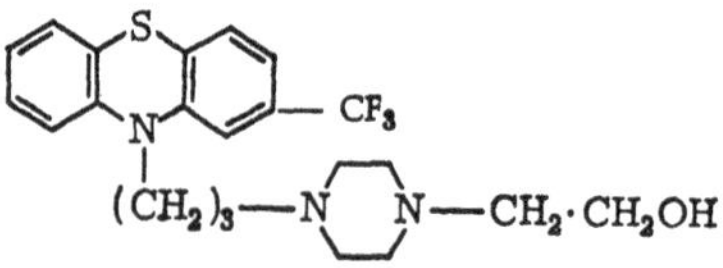

Die Synthese des Trifluorpromazins [118] geht aus vom 4-Chlor-3-nitro-benzotrifluorid

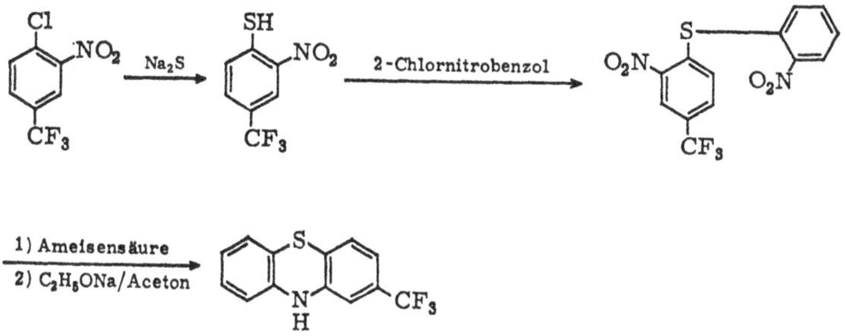

Mit 3-Dimethylamino-propylchlorid und $NaNH_2$ wird das Trifluorpromazin erhalten. Analog werden auch Trifluorperazin und Fluphenazin gewonnen. Trifluorperazin und Fluphenazin besitzen auch eine antiemetische Wirksamkeit. Antiemetica sind Substanzen, die in der Lage sind, Brechreize und Erbrechen zu unterbinden.

In jüngerer Zeit wurde von *Janssen* [119] eine Gruppe von Substanzen entdeckt, die Butyrophenone, die als Neuroleptica einen starken Dämpfungseffekt aber eine geringe therapeutische Breite besitzen.

Folgende Verbindungen wurden bekannt: Haloperidol® (Janssen-Düsseldorf).

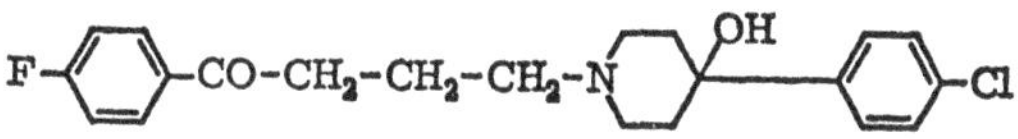

Triperidol® (Janssen-Düsseldorf)

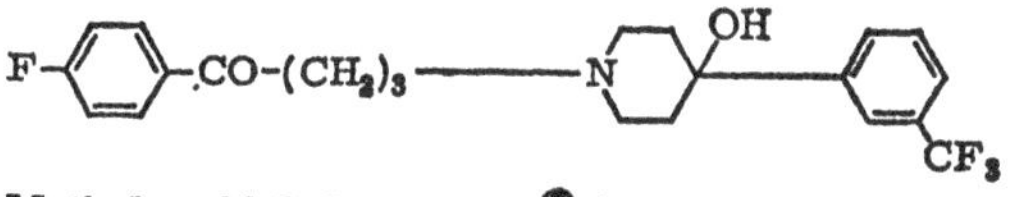

Methylperidol: Luvatrena® (Cilag Chemie)

Dipiperon® (Janssen-Düsseldorf)

Dehydrobenzperidol® (Janssen-Düsseldorf)

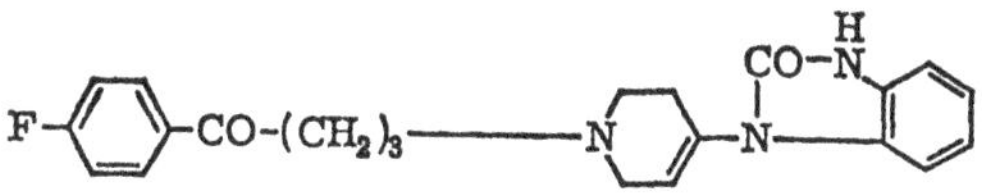

Letzteres ist mit Fentanyl®

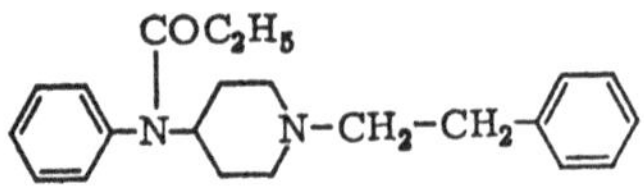

$C_6H_5-N(COC_2H_5)-C_5H_9N-CH_2-CH_2-C_6H_5$

als Kombinationspräparat unter dem Namen Thalamonal® (Janssen-Düsseldorf) auf dem Markt. Durch die Kombination eines derartigen Analgetikums mit einem schnell wirkenden Neuroleptikum ist es möglich, Anaesthesien ohne Narkotika durchzuführen. Man hat dafür den Begriff *Neuroleptanalgesie* eingeführt. Mit ihm soll zum Ausdruck gebracht werden, daß diese Narkosemethode zum Unterschied von den konventionellen Narkosearten auf eine kombinierte Verwendung von Neuroleptica und Analgetica beruht. Ihr liegt der Gedanke zu Grunde, die Schmerzfreiheit mit einem Zustand von Ausgeglichenheit, psychischer Indifferenz und Ruhe sowie vegetativer Stabilität und Amnesie zu verbinden.

C. Fluor enthaltende Diuretica

1957 entdeckte *Novello* [120] die diuretische Wirkung des Chlorothiazids.

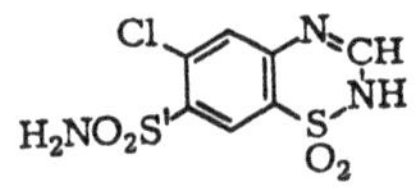

Cl, H_2NO_2S, N=CH, NH, S, O_2

Dieses Sulfonamido-Derivat des 1.2.4-Benzothiazin-1.1-dioxyd ist die Stammsubstanz der sogenannten Thiazide.

Es kam 1958 unter der Bezeichnung Diuril® auf den Markt. Es ist ein echtes Salureticum. Es werden vor allem Natrium und Chlor vermehrt ausgeschieden. Die Hydrogencarbonat-Mehrausscheidung ist relativ gering. Der Kalium-Verlust ist zwar merklich, aber nicht so gravierend wie beim Acetazolamid.

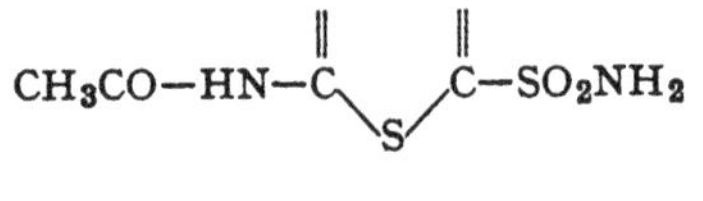

$CH_3CO-HN-C(=N-N=)C-SO_2NH_2$ (S im Ring)

Das Präparat führte sich gut ein und war nach kurzer Zeit bei den Ärzten beliebter als die Quecksilber-Diuretica und das Acetazolamid.

Sehr rasch begann daraufhin die Herstellung von Abwandlungsprodukten. So wurde auch ein fluor-enthaltendes Derivat synthetisiert, das Flumethiazid

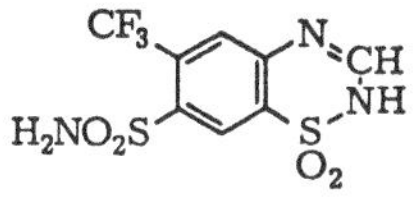

Es besitzt etwa die gleiche Aktivität wie das Chlorothiazid. Es erlangte aber keine praktische Bedeutung.

Chlorothiazid wurde 1959 aus seiner Spitzenstellung verdrängt, als *de Stevens* [121] das Hydrochlorothiazid entwickelte. Letzteres besitzt nur noch eine angedeutete Carboanhydrasewirkung und scheidet daher noch weniger Hydrogencarbonat- und Kalium-Ionen aus als der Grundkörper. Es ist zugleich 15- bis 20mal wirksamer und auch besser verträglich als dieses.

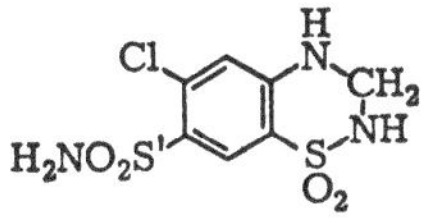

Das Chlor ist auch durch die CF_3-Gruppe ersetzt worden. Das Hydroflumethiazid, dessen Darstellung vom Bristol Res. Lab. beschrieben wurde [122], ist als Bristurin® (Bristol), Olmagran® (Heyden) und Rodiuran® (Boehringer) im Handel.

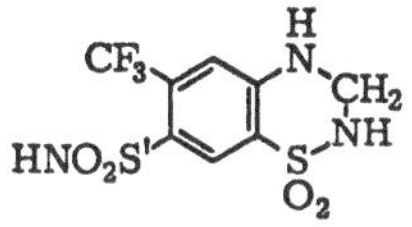

Die Synthese geht aus vom m-Aminobenzotrifluorid.

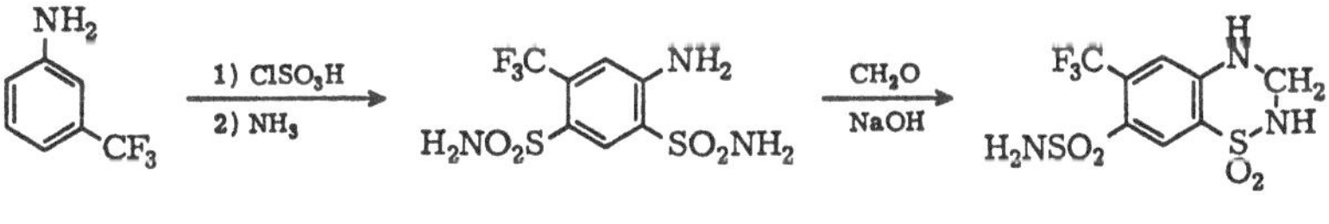

Das Benzhydroflumethiazid [122]

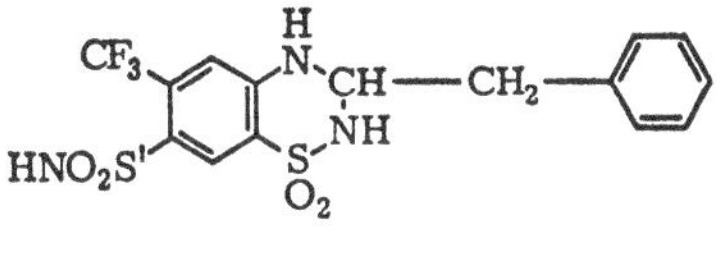

ist unter dem Namen Naturetin® (Squibb), Benzyl Rodiuran® (Boehringer) im Handel.

Diese CF_3-Derivate erreichten keine größere praktische Bedeutung.

Man kennt heute bereits etwa 50 Hydrothiazide, darunter ist auch noch ein weiteres Fluor enthaltendes Derivat, das Polythiazid: Drenusil® (Pfizer).

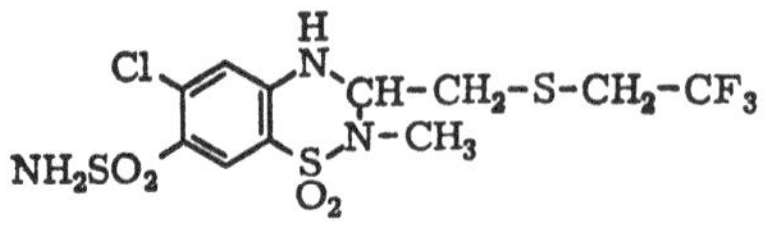

Cl, NH_2SO_2, H, N, $CH-CH_2-S-CH_2-CF_3$, $N-CH_3$, S, O_2

Es ist kaum möglich, für eines der Präparate einen therapeutischen Vorzug herauszustellen.

D. Fluor enthaltende Appetitzügler

In den letzten Jahren spielen Appetitzügler eine beträchtliche Rolle. Der am längsten bekannte und wohl auch wirksamste Appetitzügler ist das Benzedrin®.

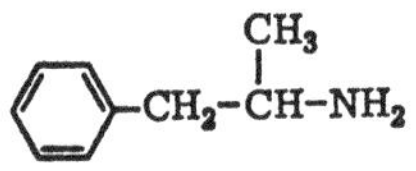

$C_6H_5-CH_2-CH(CH_3)-NH_2$

Da auf anderen Gebieten die Einführung einer CF_3-Gruppe einige Erfolge brachte, hat man auch hier in p-Stellung CF_3 eingeführt [123]. Das Produkt zeigt appetitzügelnde Wirkung ohne das Zentralnervensystem zu stimulieren. Die Darstellung geht aus vom p-Trifluormethylbrombenzol.

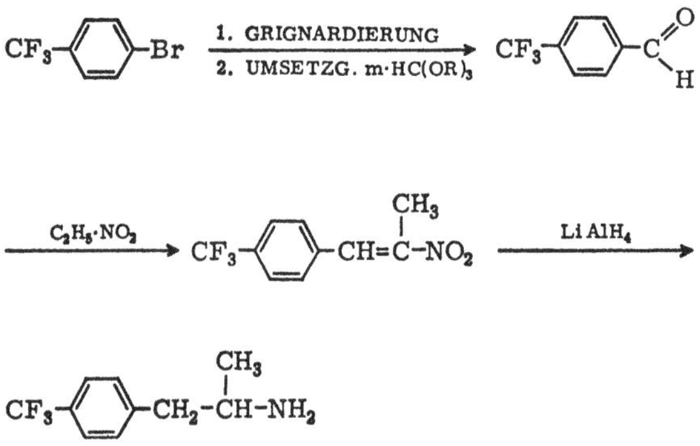

$CF_3-C_6H_4-Br$ —(1. GRIGNARDIERUNG; 2. UMSETZG. $m\cdot HC(OR)_3$)→ $CF_3-C_6H_4-CHO$

—($C_2H_5\cdot NO_2$)→ $CF_3-C_6H_4-CH=C(CH_3)-NO_2$ —($LiAlH_4$)→

$CF_3-C_6H_4-CH_2-CH(CH_3)-NH_2$

Ein weiteres Präparat ist:

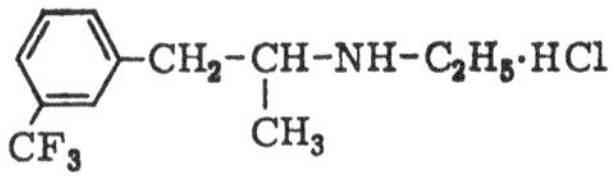

$C_6H_4(CF_3)-CH_2-CH(CH_3)-NH-C_2H_5\cdot HCl$

Ganal® Byk-Golden-Lomberg

E. Fluor enthaltende Antimykotica

Mykosen sind Pilzkrankheiten. Die Erreger gehören systematisch zu den Ascomyceten. Die Pilze können Haut, Nägel oder Haare befallen und eine oberflächige Mykose hervorrufen oder sich auf Schleimhäuten ansiedeln. Sie können aber auch in Luftwegen und Lunge und schließlich als Bild der generalisierten Infektion auftreten.

Unter Antimykotica versteht man Substanzen, die die Mykosen bessern oder heilen, indem sie das Wachstum der für Menschen und Tiere pathogenen Pilze reduzieren oder verhindern. Diese Wirkung nennt man Fungistase. Wenn vorhandene Pilzstellen oder Sporen getötet werden, spricht man von Fungiziden. Es ist eine fast unübersehbare Zahl von natürlichen und synthetischen Verbindungen mit fungistatischen oder fungiziden Eigenschaften beschrieben worden, darunter auch eine sehr große Anzahl schwefelhaltiger Verbindungen. Selbstverständlich hat man in diese schwefelhaltigen Verbindungen auch noch Fluor eingebaut.

Das Fluonilid (Dr. Fresenius)

$$F-C_6H_4-NH-\underset{\underset{S}{\|}}{C}-NH-C_6H_3Cl_2$$

zeigt hohe antimykotische Wirksamkeit bei den mannigfaltigsten Hautinfektionen. Ein Vorteil des Präparates soll darin liegen, daß es auch entzündungswidrig wirkt [124].

F. Fluor-haltige Aminosäuren und Uracile als Virushemmer

Die Chemotherapie der Viruserkrankungen ist trotz intensiver Bemühungen über unbeholfene Versuche noch nicht hinausgekommen. Ein gewisser virushemmender Effekt wurde von einigen Verbindungen beschrieben, die strukturell eine Verwandschaft mit natürlichen Aminosäuren besitzen. So werden einige Viren in der Zellkultur durch p-Fluorphenylalanin

$$F-C_6H_4-CH_2-\overset{\overset{NH_2}{|}}{C}H-COOH$$

gehemmt [125].

Die Verbindung wurde in Hoechst von *G. Ehrhart* synthetisiert und von *R. Fussgänger* chemotherapeutisch untersucht. Bisher konnte sie sich als Therapeuticum nicht durchsetzen. Ebenso sind Thioharnstoffe als virushemmend beschrieben worden. Das gilt z.B. für das 4-Chlor-4'-fluorthiocabanilid [126].

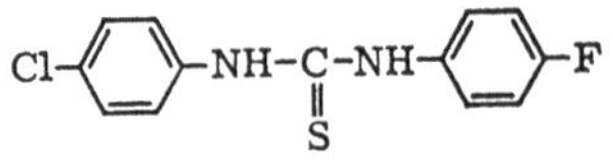

Cl–NH–C–NH–F
S

Auch bei fluorhaltigen Pyrimidinen, die in der Chemotherapie der Tumoren eine gewisse Bedeutung erlangt haben, wurde virushemmende Wirkung beobachtet. So wurde für das 5 Fluor-2'-desoxyuridin eine deutliche Wirksamkeit beschrieben [127].

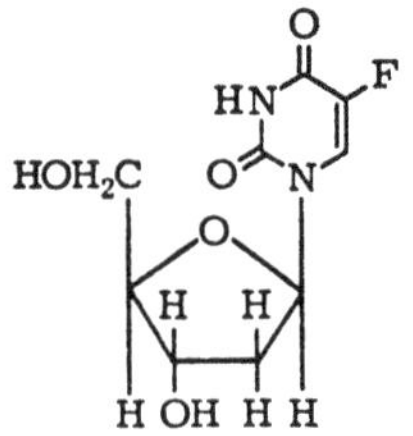

O
HN F
HOH_2C O N
O
H H
H OH H H

G. Fluor-Verbindungen für die Krebs-Therapie

Obwohl eine Reihe von Fluorverbindungen das Wachstum von Krebszellen hemmt, konnte sich bisher noch keine als Therapeuticum durchsetzen. *N. P. Buu-Hoi* hat über die krebshemmende Wirkung von bestimmten aromatischen Aminosäuren berichtet [128].

Erwähnt seien hier: Fluor-tryptophan und Fluor-adenosin.

Eingehender untersucht wurden das 5-Fluoruracil, die 5-Fluororotsäure und das 5-Fluor-2'-desoxyuridin. 5-Fluor-uracil

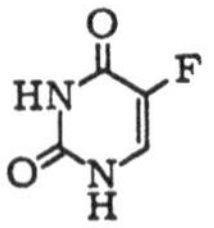

O
HN F
O N
H

wurde gegen Carcinom, Sarkom und Leukämie verwandt. Es wirkt im allgemeinen bei dem einfachen Krebs besser als die 5-Fluororotsäure, ist aber bei der Behandlung der Leukämie der Fluororotsäure unterlegen. 5-Fluoracil muß in hohen Dosen angewandt werden, die bereits zu toxischen Erscheinungen führen. Die 5-Fluororotsäure hat, ebenso wie die Fluorpyrimidine allgemein, eine Hemmwirkung auf das Wachstum einiger tierischer Tumore [129].

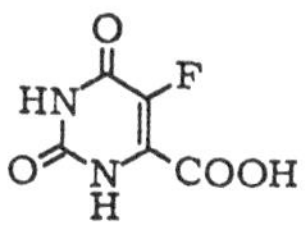

Die Ergebnisse mit 5-Fluor-2'-desoxyuridin sind günstiger. In der Klinik wurden Erfolge bei der Behandlung von Geschwülsten des Magen-Darm-Traktes, der Brust und der weiblichen Genitalien erzielt. Seine Anwendung ist wegen seines hohen Preises begrenzt.

Die Verbindungen wurden von *C. Heidelberger* synthetisiert und untersucht. Er beschäftigte sich auch mit dem 5-Trifluormethyl-2'-desoxyuridin (Trifluorthymidin),

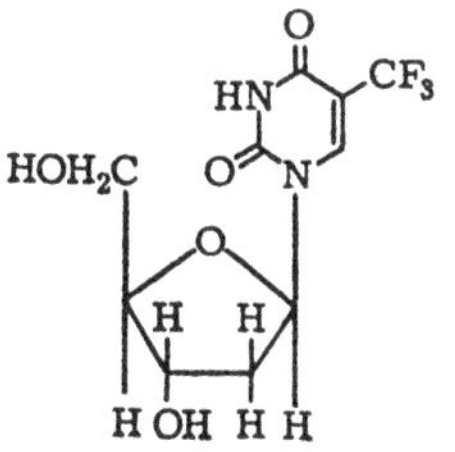

das ebenfalls als Cytostaticum in der Klinik geprüft wird.

Ausgangsmaterial für das 5-Fluoruracil sind die Enolate von α-Fluor-β-ketocarbonsäureestern [130], die mit Isoharnstoffen bzw. Isothioharnstoffsalzen umgesetzt werden.

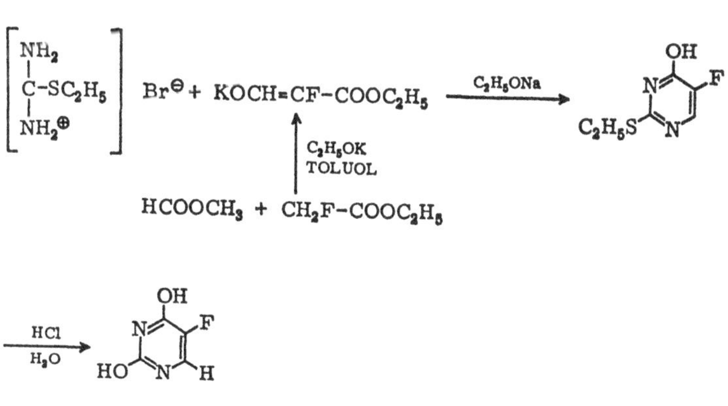

$$[NH_2\text{–}C(SC_2H_5)\text{=}NH_2^{\oplus}]\,Br^{\ominus} + KOCH{=}CF\text{–}COOC_2H_5 \xrightarrow{C_2H_5ONa} \text{2-Ethylthio-4-hydroxy-5-fluorpyrimidin}$$

$$HCOOCH_3 + CH_2F\text{–}COOC_2H_5 \xrightarrow[\text{TOLUOL}]{C_2H_5OK} KOCH{=}CF\text{–}COOC_2H_5$$

$$\xrightarrow[H_2O]{HCl} \text{2,4-Dihydroxy-5-fluorpyrimidin}$$

Das 5-Trifluor-uracil wird ausgehend vom Trifluoraceton auf folgendem Wege gewonnen [131]

$$CF_3\cdot CO{-}CH_3 \xrightarrow{NaCN} CF_3{-}C(CN)(OH){-}CH_3 \xrightarrow{(CH_3CO)_2O} CF_3{-}C(CN)(OCOCH_3){-}CH_3$$

$$\xrightarrow{t} CF_3{-}C(CN){=}CH_2 \xrightarrow{HBr} CF_3{-}CH(CONH_2){-}CH_2Br \xrightarrow{NH_2CONH_2}$$

$$CF_3{-}CH(CONH_2){-}CH_2{-}NH{-}CO{-}NH_2 \xrightarrow{HCl} \text{5-H-5-}CF_3\text{-dihydrouracil} \xrightarrow[CH_3COOH]{Br_2}$$

$$\xrightarrow[CH_3{-}COOH]{Br_2} \text{5-Br-5-}CF_3\text{-dihydrouracil} \xrightarrow{(CH_3)_2{-}N\cdot CHO} \text{5-}CF_3\text{-uracil}$$

Die Überführung in das 5-Trifluormethyl-2′-desoxyuridin, das Trifluorthymidin gelingt enzymatisch in Gegenwart von Escherichia coli B [131].

Auch die fluorierten Nucleoside, 5-Fluor-2′-desoxcytidin und Fluorcytidin sind in vivo wirksame Carcinostatica. Auch fluorierte Zucker könnten Bedeutung erlangen (*Buu-Hoi*).

Fluoxymesteron, das 9- -Fluor-1.1-β-hydroxy-1.7- -methyltestosteron (vgl. die Seite 196), zeigt beim Brustkrebs eine deutliche Wirkung.

H. Fluor-enthaltende Spasmolytica

Auch in Spasmolytika wurde Fluor eingeführt. Zu erwähnen ist das Fluoxyphenonium [132].

$$(F{-}C_6H_4)(C_6H_{11})C(OH){-}COO{-}CH_2{-}CH_2\overset{\oplus}{N}(CH_3)(C_2H_5)_2 \cdot Br^{\ominus}$$

Die Verbindung besitzt vorwiegend atropin-artige Wirkung.

I. Fluor-enthaltende Inhalationsanaesthetica

Als mit Beginn der 30er Jahre aliphatische Fluorverbindungen als Kältemittel eingeführt wurden, zeigte es sich, daß einige dieser Verbindungen auch schwach narkotische Eigenschaften haben.

1946 veröffentlichte *Robbins* [133] Untersuchungen, über Derivate des Aethans, Propans und Butans. Diese Verbindungen enthielten als Substituenten Wasserstoff, Fluor, Chlor, Brom und Jod. Es wurden folgende wichtige Beobachtungen gemacht:

Die ausschließlich fluorenthaltenden aliphatischen Verbindungen wie C_4F_{10} oder C_6F_{12} haben keine narkotische Wirkung sondern erregen Krämpfe. Die Trifluormethyl-Gruppe bewirkt gute physiologische Verträglichkeit und große chemische Stabilität. Die Einführung eines weiteren Halogenatoms, sei es Chlor, Brom oder Jod in einen Fluorkohlenwasserstoff verstärkt die narkotische Wirkung erheblich. Brom-Substitution verstärkt die Wirkung drei- bis viermal mehr als Chlor-Substitution.

Die anaesthetische Wirksamkeit von niedermolekularen aliphatischen Äthern wird durch Fluorierung sukzessiv geschwächt. Perfluoräther sind unwirksam. Teilfluorierte Verbindungen dagegen sind noch genügend wirksam und weniger leicht brennbar als die unfluorierten Äther.

Trifluoräthyl-vinyl-äther

$$CF_3{-}CH_2{-}O{-}CH{=}CH_2$$

Kp 42,7 °C, $D^{25}=1{,}13$, Mol.-Gew. 126.
Farblose Flüssigkeit von ätherischem Geruch.
Löslichkeit in Wasser 0,4 ±0,05 ml/ 100 ml Wasser.
Dampfdruck bei 28 °C (395 Torr).
Untere Entflammbarkeitsgrenze 3% (Diäthyläther 1,9%).
Trifluoräthyl-vinyläther wird durch Anlagerung von Trifluoräthanol an Acetylen erhalten [134].

$$CF_3{-}CH_2{-}OH + CH{\equiv}CH \rightarrow CF_3{-}CH_2{-}O{-}CH{=}CH_2$$

Die Wirkung des Trifluoräthyl-vinyläthers ist mit derjenigen von Diäthyläther vergleichbar. Die Induktionsperiode ist länger als bei dem unfluorierten Vinyläthyläther. Leber, Nieren, Herz und Blutdruck werden nicht geschädigt. Trifluoräthyl-vinyläther wird unter dem Handelsnamen „Fluoromar“® vertrieben (Ohio Chemical Corp.).

Methyl-1.1-difluor-2.2-dichloräthyl-äther

$$CH_3-O-CF_2-CHCl_2$$

Penthrane® (Methoxyfluoran)

Kp 104, 6 °C, EP —35 °C, Mol-Gew. 165
n_D 25- 1,3838, D_4^{25} 1,4279, Geruch fruchtartig, Wasserlöslichkeit 2.2 g/l. Zündgrenzen von Methoxyfluoran-Gemischen in Vol.-% (untere Grenze in Luft 6%, in Sauerstoff 5,5% [135])).

Die Darstellung des Äthers [136] gelingt durch Anlagerung von 1.1-Difluor-2.2-dichloräthylen an Methanol in Gegenwart von Alkalihydroxyd.

$$CF_2{=}CCl_2 + CH_3OH \rightarrow CH_3O-CF_2-CHCl_2$$

In der Praxis verfährt man so, daß 1.1-Difluor-1.2.2-trichloräthan, aus dem mittels Alkali leicht Chlorwasserstoff unter Bildung von 1.1-Difluor-2.2-dichloräthylen abgespalten wird, direkt mit überschüssigem Methanol umsetzt.

$$CF_2Cl-CHCl_2 + CH_3OH + KOH \rightarrow CH_3OCF_2-CHCl_2 + KCl + H_2O$$

Um den Methyl-1.1-difluor-2.2-dichloräthyl-äther als Inhalationsnarkotikum verwenden zu können, muß er gereinigt werden.

Dies kann dadurch geschehen, daß der rohe Äther mit oxydierenden Mitteln wie Sauerstoff, Luft, Ozon, Peroxydverbindungen oder dergl. behandelt, danach mit Wasser gewaschen und destilliert wird [137]. Ein anderes Verfahren besteht darin, den Äther in wäßriger Suspension mit katalytisch erregtem Wasserstoff zu behandeln und anschließend zu destillieren [138].

Der gereinigte, stabile Methyl-1.1-difluor-2.2-dichloräthyläther (Methoxyfluoran) ist ein Inhalationsnarkotikum mit stark analgetischer sowie sehr guter muskelrelaxierender und amnesierender Wirkung. Im Handel befindet sich Methoxyfluoran unter dem Namen Penthrane® (Abbott). (Es enthält als Stabilisator 0,01% Butylhydroxytoluol).

2.2.2-Trifluor-chlor-brom-äthan

$$CF_3-CHClBr$$ (Halothan)

Kp 50,2 °C, D^{25} = 1,861, Mol.-Gew. 197,39.
n_D^{20} = 1,3695, Viscosität bei 25 °C = 0,336 Cp.
Dampfdruck 10 °C = 156,3 mm, 20 °C = 243,3, 30 °C = 365,7.
Löslichkeit in Wasser bei 23 °C = 0,345 g/100 ml.

Halothan-Dampf ist mit Luft nicht entzündbar. Im Gemisch mit Sauerstoff und Lachgas entstehen bis zu einer Konzentration von 3 Vol.-% keine explosionsfähigen Gemische, so daß auch die Anwendung nicht explosionsgesicherter elektromedizinischer Geräte möglich ist.

Das Azeotrop Halothan-Diäthyläther, ein bei 52 °C konstant siedendes Gemisch aus 40 Mol.-% Diäthyläther und 60 Mol.-% Halothan ist ebenfalls als Inhalationsnarkotikum vorgeschlagen worden [139]. Vom sicherheitstechnischen Gesichtspunkt ist allerdings zu berücksichtigen, daß ein Gemisch aus 5 Vol.-% Azeotrop (entsprechend ca. 3 Vol.-% Halothan) 85% Luft und 10% Lachgas bereits explosibel ist.

Für die technische Darstellung von Halothan kommen zwei Verfahren in Betracht:

1. Bromierung von 2.2.2-Trifluor-chlor-äthan in der Gasphase

$$CF_3{-}CH_2Cl + Br_2 \xrightarrow{500\,°C} CF_3{-}CHClBr + HBr$$

Ein Gemisch von Trifluor-chloräthan und Brom (2,5:1 bzw. 3,5:1) wird dampfförmig durch ein auf 497 °C geheiztes Reaktionsrohr geleitet. Der gebildete Bromwasserstoff und das unveränderte Trifluorchloräthan werden durch Destillation entfernt, das zurückbleibende rohe Halothan wird gewaschen, getrocknet und mittels Destillation gereinigt.

Das bei der thermischen Bromierung als Nebenprodukt anfallende 2.2.2-Trifluor-chlor-dibromäthan wird mittels naszierendem Wasserstoff zu 2.2.2-Trifluor-chlor-brom-äthan reduziert [140].

2. Durch Anlagerung von Bromwasserstoff an Trifluorchloräthylen wird 1.1.2-Trifluor-2-chlor-1-bromäthan, ein Isomeres des 2.2.2-Trifluor-chlor-bromäthan, zu dem es mit Aluminiumchlorid isomerisiert wird, erhalten.

$$CF_2{=}CFCl + HBr \xrightarrow{UV} CF_2Br{-}CHFCl$$

Kp + 51,7 °C, n_D^{20} 1,73, D^{20} 1,864

Die Anlagerung verläuft bei Siedetemperatur des Reaktionsproduktes unter der Einwirkung von UV-Licht. Die Ausbeute ist praktisch quantitativ.

Die Isomerisierung folgt gemäß der Gleichung [141]

$$CF_2Br—CHFCl \xrightarrow[AlCl_3]{\text{katalyt. Mengen}} CF_3—CHClBr$$

Zu 50 Teilen wasserfreiem Aluminiumchlorid wird eine kleine Menge 1.1.2-Trifluor-2-chlor-1-bromäthan gegeben und das Reaktionsgemisch gelinde erwärmt. Sobald die Reaktion einsetzt, wobei die Substanz zum Sieden kommt, wird sie durch laufendes Zugeben von 1.1.2-Trifluor-2-chlor-1-bromäthan in Gang gehalten. Insgesamt fließen 500 Teile zu. Man erhält nach Waschen und Trocknen 450 bis 460 g 2.2.2-Trifluor-chlor-brom-äthan vom Kp_{754}, 50,1 °C (90% d. Th).

Halothan ist ein sehr potentes und wertvolles Inhalationsnarkotikum. Es zeichnet sich durch folgende Eigenschaften aus: Angenehme und rasche Einleitung der Narkose; glatte und leicht reversible Narkose mit ausreichender Relaxation für viele Operationen; Verminderung der Speichel-, Bronchial- und Magensekretion; rasche, ohne Zwischenfälle verlaufende Erholungsphase ohne Übelkeit und Erbrechen.

Die Narkose kann mit 2 bis 3 Vol.-% Halothan in Luft, Sauerstoff oder im Sauerstoff/Lachgas-Gemisch leicht eingeleitet und mit 0,5—1 Vol.-% aufrecht erhalten werden.

Handelsformen:

Fluothane®	Imperial Chemical Industries Ltd.
Halothan „Hoechst"	Farbwerke Hoechst AG

Beide Präparate enthalten 0,01% Thymol als Stabilisator.

Diese Fluor enthaltenden Inhalationsanaesthetica haben den Äther und das Chloroform weitgehend verdrängt. Man kann annehmen, daß zur Zeit

75% aller Inhalationsnarkosen mit Halothan,
8% mit Methoxyfluoran,
5% mit Fluoromar® und nur noch
10% mit Diäthyläther durchgeführt werden.

Im Prüfungsstadium als Inhalationsnarkotikum befinden sich die Verbindungen

1.1.1.2-Tetrafluor-2-brom-äthan [142]:

CF_3-CHFBr, Mol.-Gew. 181, Kp 8,65 °C, *d* 1,692,

Verteilungskoeffizient	Wasser/Gas 37 °C	= 0,32
	Blut/Gas	= 0,60
	Öl/Gas	= 29,0.

Difluormethyl-1,1,2.-trifluor-2-chlor-äthyl-äther [143]:

$CHF_2{-}O{-}CF_2{-}CHFCl$, Mol.-Gew. 184, Kp 56,5 °C, Dampfdichte = 6,4 (Luft = 1,0) Dampfdruck 20 °C = 180 mm Hg,

Verteilungskoeffizient	Wasser/Gas 37 °C	= 0,78
	Blut/Gas	= 1,91
	Öl/Gas	= 98,5.

XIII. Oberflächenaktive Fluorverbindungen

In neuerer Zeit haben perfluorierte aliphatische Verbindungen zunehmend technische Bedeutung erlangt in erster Linie als Grundstoffe für die Herstellung von Textilhilfsmitteln. Es handelt sich im wesentlichen um Carbonsäuren, Sulfosäuren und Alkohole. Vor kurzem wurden auch perfluorierte Ketone herangezogen.

Zur Herstellung von längerkettigen Perfluoralkylverbindungen stehen zwei Verfahren zur Verfügung:

1. das Simons-Verfahren und
2. das Telomerisationsverfahren von Haszeldine

1. Das Simons-Verfahren

Das von *J. H. Simons* Ende der 40er Jahre gefundene und entwickelte Verfahren beruht auf der elektrochemischen Fluorierung aliphatischer Carbon- und Sulfosäuren [144].

Als Ausgangsmaterial dienen zweckmäßig die entsprechenden Carbon- oder Sulfosäurefluoride, die in Fluorwasserstoff elektrolysiert werden, z. B.

$$CH_3{-}(CH_2)_6{-}COF + HF \rightarrow CF_3{-}(CF_2)_6{-}COF + 15\ H_2$$

oder

$$CH_3{-}(CH_2)_6{-}SO_2F + HF \rightarrow CF_3{-}(CF_2)_6{-}SO_2F + 15\ H_2$$

Die sogenannte „Simons-Zelle" besteht aus einem zylindrischen kühlbaren Stahlgefäß, in dem die Elektrodenplatten — Nickelanoden und Eisenkathoden — im Abstand von einigen Millimetern wechselweise angeordnet sind. Die Fluorierung findet im allgemeinen bei Raumtemperatur und einer solchen Spannung statt, daß sich an der Anode noch kein elementares Fluor bilden kann.

Meist arbeitet man bei 5 bis 6 V und einer Stromdichte von 0,02 A/cm^2. Ein Diaphragma zwischen Kathoden- und Anodenraum ist nicht nötig, da die Reaktionsprodukte nicht mit dem an der Anode freiwerdenden Wasserstoff reagieren. Die zu fluorierende Substanz und Fluorwasserstoff werden in dem Maße zugegeben, wie sie verbraucht werden.

Die gasförmigen Reaktionsprodukte und Wasserstoff verlassen die Zelle über einen Kühler, um mitgerissenen Fluorwasserstoff zurückzuhalten, die flüssigen Produkte, also die höheren Perfluorsäurefluoride, die in Fluorwasserstoff unlöslich sind, sammeln sich am Zellenboden. Die Ausbeute an Perfluorsäuren fällt stark mit steigender Kettenlänge. Bei der Heptafluorbuttersäure beträgt sie z.B. nur noch ca. 36% gegenüber 90% bei Trifluoressigsäure. Für die technisch besonders interessante Perfluoroctansäure werden Ausbeuten von 10% bis maximal 20% angegeben. Der Grund ist, daß das Molekül bei der Fluorierung in kleinere Bruchstücke zerschlagen wird. Die Hauptnebenprodukte sind Perfluor-Kohlenwasserstoff und -Äther. Die Preise für die höheren Perfluorcarbonsäuren sind daher sehr beachtlich und liegen um mehrere 100 DM/kg.

Bei den Sulfosäurefluoriden sind die Ausbeuten günstiger und ungefähr doppelt so hoch wie bei den Carbonsäuren [145].

Es wurde daher schon vorgeschlagen, die Carbonsäurefluoride aus den entsprechenden Sulfofluoriden durch Umsetzung mit NO_2 bei 550 °C herzustellen [146].

Aus den Carbonsäurefluoriden werden die zugehörigen Säuren durch Verseifung erhalten. Physikalische Eigenschaften einiger Perfluorcarbonsäuren:

	Kp (°C)	Dichte 20 °C
C_4F_9COOH	130/749 Torr	1,713
$C_5F_{11}COOH$	157/742 Torr	1,762
$C_6F_{13}COOH$	175/742 Torr	1,792
$C_7F_{15}COOH$	189/736 Torr	bei Raumtemp. fest
$C_9F_{19}COOH$	218/740 Torr	

Die höhermolekularen Säuren sind in Wasser wenig löslich. Eine bei 25 °C gesättigte wäßrige Lösung von Perfluorcaprylsäure ist 0,023 molar.

Die perfluorierten Säuren sind starke Säuren von großer chemischer Beständigkeit. Sie sind ausgezeichnete Netz- und Reinigungsmittel. Man führt diese Eigenschaften darauf zurück, daß ihre Micellen viel stärker dissoziiert sind als die der entsprechenden fluor-freien Säuren. Darüber hinaus besitzen die perfluorierten Säuren und ihre Salze eine überraschend gute Kalk- und Säurebeständigkeit [147].

Wetting Agent FC 126 (Minnesota Mining and Manufacturing) ist ein Gemisch von Ammoniumsalzen perfluorierter Carbonsäuren, vor allem der Perfluorcaprylsäure. Es ist ein weißes Pulver, das bei 175 °C unter Zersetzung schmilzt. Eine 0,35%ige wäßrige Lösung hat eine Oberflächenspannung von 16 dyn/cm (der vergleichbare Wert für andere Netzmittel liegt bei 28—30 dyn/cm). Eine 0,25%ige Lösung in rauschender

Salpetersäure behält ihre Oberflächenspannung von 25—30 dyn/cm bei einer Prüfdauer von 120 Stunden.

FC 126 findet dort Anwendung, wo Stabilität und sehr niedrige Oberflächenspannung (gute Schaumwirkung) gewünscht werden. Verbindungen ähnlicher Zusammensetzung werden für spezielle Zwecke unter der Bezeichnung FC 95, FC 98, FC 126, FC 128, FC 134, FC 161, FC 170, FC 172 und FC 176 von Minnesota Mining and Manufacturing Co. angeboten.

Einen Überblick über die Verwendung dieser fluorierten Netzmittel gibt die Tabelle [148].

Die perfluorierten Sulfosäuren werden zur Schaumverhütung bei schwefelsauren Galvanisierbädern vorgeschlagen.

Weitaus die wichtigste Eigenschaft der höheren Glieder der Perfluorcarbon und -sulfosäuren ist aber ihre Oleophobierung. Derivate dieser Verbindungen verleihen — in geeigneter Form auf Textilien gebracht — diesen öl- und schmutzabweisende Eigenschaften. Es wurde daher auch ein 2. Verfahren zur Herstellung längerkettiger Perfluoralkylverbindungen zur technischen Reife entwickelt. Es handelt sich um die von *Haszeldine* gefundene Telomerisation von Tetrafluoräthylen mit Trifluorjodmethan [149].

Die Reaktion findet nach einem radikalischen Mechanismus gemäß folgender Gleichung statt:

$$CF_3J + n\,CF_2{=}CF_2 \rightarrow CF_3\,(CF_2{-}CF_2)\,n\,J \qquad n\ 1{-}10$$

Die Reaktion läuft bei Bestrahlung mit UV-Licht bei Raumtemperatur oder thermisch bei 200—240 °C ab. Da die höheren Perfluoralkyljodide mit Tetrafluoräthylen weiterreagieren, muß das Verhältnis $CF_3J:C_2F_4$ hoch sein, wenn niedermolekulare Telomerisate erwünscht sind.

Später hat *Haszeldine* auch C_2F_5J für die Telomerisation herangezogen [150]. Diese Reaktion wurde dann insbesondere von DuPont weiter bearbeitet [151].

In entsprechenden Patenten wird die Umsetzung von C_2F_5J mit C_2F_4 in Gegenwart katalytischer Mengen SbF_5, SbF_3 oder $SbCl_5$ und JF_5 bei 60 °C beansprucht.

Die Telomerisation mit i-C_3F_7J ist von der Fa. Pennsalt Chem. Corp. bearbeitet worden [152]. Die Verbindung bietet den Vorteil, daß sie leichter in Radikale zerfällt als CF_3J oder C_2F_5J, so daß man schon bei äquimolekularen Ausgangsmischungen von Telogen: Olefin gute Ausbeuten an Telomeren mit 2 bis 5 C_2F_4 Einheiten erhält, während unter diesen Bedingungen z.B. mit CF_3J Produkte mit einer viel breiteren Verteilung der Kettenlänge erhalten werden.

Anwendung	Fluor-chemikalie	Eigenschaften
Bäder: Beizen, Ätzen, Entzundern, Entfetten, Abschrecken, Entzinnen, Gravieren, Passivieren	FC—95 FC—98	weißes leichtfließendes Pulver, anionisch gelblich-braunes leichtfließendes Pulver, anionisch
Reiniger von Holz, Kunststoffen, Leder, Textilien, Haushaltspflegemittel, Autoreiniger, Gebäudereiniger	FC—128 FC—134	gelbbraunes leichtfließendes Pulver, anionisch gelbbraune wachsartige Festsubstanz, kationisch
Reiniger auf organischer Lösugsmittelbasis	FC—172 FC—170 FC—176	bernsteinfarbige Flüssigkeiten, amphoter, nichtionogen nichtionogen
Antibeschlagmittel, Glasputzmittel, saure Reiniger	FC—95	weißes leichtfließendes Pulver, pH-Wert: 7.7 (0,1 % wäßrige Lösung) anionisch
Scheibenwaschmittel, insbesondere Autoscheiben	FC—126	feines weißes lockeres Pulver, pH-Wert: 4.0—5.0 (0,5 % wäßrige Lösung) anionisch
Polituren, Autoshampoos Polsterreiniger, Selbstglanzemulsionen, flüssige Schuhpflegemittel, Wischwachse, flüssige Metallreiniger, Geschirrspülmittel	FC—128 und FC—134	gelbbraunes leicht fließendes Pulver, pH-Wert: 7—8 (1% wäßrige Lösung) anionisch gelbbraune wachsartige Fettsubstanz, pH-Wert: 3—4 (1% wäßrige Lösung) kationisch
Fensterenteiser und -entfroster, Schutzpolituren gegen Fingerabdrücke, Schmutz, Korrosion und Witterungseinflüsse	FC—161	grau-weiße wachsartige Masse, pH-Wert: 3—4 (1% wäßrige Lösung) anionisch
Fleckentferner, Haarsprays, Pflegemittel auf Lösungsmittelbasis	FC—176	bernsteinfarbige Flüssigkeit, pH-Wert: 6—8 (1% wäßrige Lösung) nichtionogen

Die japanische Firma Daikin Kogyo Kabushiki Kaisha hat ebenfalls die Telomerisation von C_2F_4 mit i-C_3F_7J beschrieben. Sie arbeitet in Gegenwart von Peroxiden. Es genügt eine Temperatur von 100 °C [153].

Die Siedepunkte einiger Perfluoralkyljodide zeigt die Tabelle.

	Kp (°C)		Kp (°C)
CF_3J	−22,5	$C_5F_{11}J$	90
C_2F_5J	+10	$C_7F_{15}J$	140
C_3F_7J	+40	$C_9F_{19}J$	180

Die Umwandlung dieser Perfluoralkyljodide in Perfluoralkylverbindungen mit reaktiven Gruppen wie COOH oder OH kann auf verschiedenen Wegen geschehen.

Die folgenden, in der neueren Patentliteratur beschriebenen Reaktionen sind eine Auswahl und sollen lediglich die mannigfaltigen Umwandlungsmöglichkeiten der Perfluoralkyljodide aufzeigen. So hat die Pennsalt Chem. Corp. die Umsetzung mit Oleum zu Perfluorcarbonsäuren gemäß folgender Gleichung beschrieben [154]:

$$\text{Rf—CF}_2\text{—CF}_2\text{J} \xrightarrow{\text{H}_2\text{SO}_4\text{ oder (SO}_3)} \text{Rf—CF}_2\text{—COF} \xrightarrow{\text{NaOH}} \text{Rf—CF}_2\text{—COONa}$$

Die Umsetzung der Perfluoralkyljodide mit ungesättigten Verbindungen, insbesondere Äthylen und Acetylen ist schon länger bekannt [155]. Sie führt letzten Endes zu Alkoholen oder Carbonsäuren.

$$\text{Rf—J} + \text{CH}_2{=}\text{CH}_2 \longrightarrow \text{Rf—CH}_2\text{—CH}_2\text{J} \longrightarrow \text{Rf—CH}_2\text{—CH}_2\text{OH}$$

$$\text{Rf—CH}_2\text{—CH}_2\text{J} \xrightarrow{-\text{HJ}} \text{Rf—CH}{=}\text{CH}_2 \xrightarrow{\text{Oxid.}} \text{Rf—COOH}$$

$$\text{Rf—J} + \text{CH}{\equiv}\text{CH} \longrightarrow \text{Rf—CH}{=}\text{CHJ} \xrightarrow{\text{Oxid.}} \text{Rf—COOH}$$

Die Firma Daikin Kogyo Kabushiki Kaisha hat die Umsetzung der Jodide mit Derivaten des Äthylens beschrieben [156]:

$$\text{Rf—J} + \text{CH}_2{=}\text{CH—(CH}_2)_3\text{—COOC}_2\text{H}_5 \rightarrow \text{Rf—CH}_2\text{—CHJ—(CH}_2)_3\text{—COOR} \xrightarrow{\text{Zn / HCl}} \text{Rf—(CH}_2)_5\text{—COOH}$$

$$\text{Rf—J} + \text{CH}_2{=}\text{CH—O—COCH}_3 \rightarrow \text{Rf—CH}_2\text{—CHJ—O—CO—CH}_3 \xrightarrow{\text{Zn/HCl}} \text{Rf—CH}_2\text{—CH}_2\text{OH}$$

Auch DuPont hat sich Reaktionen von Perfluoralkyljodiden mit Derivaten des Äthylens schützen lassen [157]:

$$Rf{-}J + CH_2{=}CH{-}CN \rightarrow Rf{-}CH_2{-}CHJ{-}CN \xrightarrow[\text{Raney-Ni}]{H_2} Rf{-}CH_2{-}CH_2{-}CH_2NH_2$$

$$Rf{-}J + CH_2{=}CH{-}(CH_2)_n{-}COOH \longrightarrow Rf{-}CH_2{-}CHJ{-}(CH_2)_n{-}COOH$$

$$\xrightarrow{\text{Red.}} Rf{-}(CH_2)_{n+2}\,COOH \xrightarrow{\text{Red.}} Rf{-}(CH_2)_{n+3}OH$$

Die Fa. Minnesota Mining and Manufacturing hat die analoge Umsetzung mit ungesättigten Alkoholen angemeldet [158]:

$$Rf{-}J + CH_2{=}CH{-}(CH_2)_{1-10}OH \longrightarrow Rf{-}CH_2{-}CHJ{-}(CH_2)_{1-10}OH$$

$$\xrightarrow{\text{Red.}} Rf{-}(CH_2)_{3-12}OH$$

Nach beiden Verfahren, der Elektrofluorierung von Carbonsäure- und Sulfosäurefluoriden und der Telomerisation von Trifluormethyl- bzw. Pentafluoräthyljodid mit Tetrafluoräthylen wurden Verbindungen in den Handel gebracht, die in der Textilindustrie Eingang fanden, um Gewebe auszurüsten, die öl- und schmutzabweisend sind.

Die ersten Verbindungen, die in den Handel kamen, waren Chromkomplexe von Perfluorcarbonsäuren von folgendem Typ

$$\left[Rf{-}C\begin{matrix} \nearrow\!\!\!\!{=}O \leftarrow Cr \searrow \\ \searrow O \;—\; Cr \swarrow \end{matrix} OH \right]^{4+}$$

Diese Verbindungen sind grünlich, in Wasser schwer löslich, leicht löslich dagegen in Aceton und Isopropanol [159].

Man erhält chlorhaltige Chromkomplexe durch Umsetzung von Chromylchlorid (CrO_2Cl_2) mit der entsprechenden Perfluorcarbonsäure im Molverhältnis 2:1 in einem inerten Lösungsmittel wie CCl_4 in Gegenwart von Alkohol als Reduktionsmittel. In exothermer Reaktion entsteht die grüne Lösung des Cr-Komplexes der nach Entfernung der flüchtigen Bestandteile als eine grüne feste Substanz anfällt [160].

Chlorfreie Chromkomplexe erhält man, wenn man eine methanolische Lösung der entsprechenden Perfluorcarbonsäure zu einer wäßrigen Lösung von Chromtrioxyd im Molverhältnis 2:1 gibt. Sie sind ebenfalls in Isopropanol und Trifluortrichloräthan löslich.

Die mit diesen Chromkomplexen behandelten Gewebe sind öl- und schmutzabweisend. Die Verbindungen haben aber den Nachteil, daß sie wegen ihrer grünen Eigenfarbe nicht zur Imprägnierung von Weißfärbungen herangezogen werden können. Man hat daher vorgeschlagen mit Al-acetat-Beizen behandelte Gewebe mit alkoholischen Lösungen von z.B. Perfluoroctansäure nachzubehandeln. Dieses Zweibad-Verfahren ist aber technisch recht umständlich.

Die Chemische Fabrik Pfersee schlug wäßrige Emulsionen von Perfluor-octan- und Perfluordecansäuren auf Basis von Aluminium- und Zirkonsalzen vor. Die Wasch- und Reinigungsbeständigkeit war aber nicht ausreichend [161].

Die Chromkomplexe werden in der Papier- und Lederindustrie, wo die grüne Eigenfarbe nicht stört, verwendet. Während FC 146 in erster Linie für die Lederimprägnierung empfohlen wird, kommt FC 805 (auch Scotchban® Papierchemikalie FC 805 genannt) zur Oberflächenbehandlung von Papier und Pappe in Betracht, denen es gute Abweisungseigenschaften gegen Öle, Fette, thermoplastische Massen wie Wachse und Asphalt, Harze und Lödungsmittel verleiht. Wenn dieses so behandelte Papier auf dem Nahrungsmittelsektor verwendet werden darf, ist ein großer Absatz zu erwarten [162].

Es bedeutete einen großen Fortschritt in der Oleophobierung von Geweben, als die Minnesota Mining and Manufacturing Comp. mit Polymerisaten von Perfluorverbindungen (z.B. mit dem Polymerisat des 1.1-Dihydro-perfluoroctyl-acrylats herauskam. Diese Produkte werden unter dem Namen Scotchgard® gehandelt. Man kann damit allen Textilien auf Basis von Natur- oder Synthesefasern einen Fleckenschutz gegen ölige, fettige oder wäßrige Verschmutzungen verleihen.

Die ersten Patente der Firma schützten Polymerisate von Vinylestern der Perfluorcarbonsäuren [163], $Rf\text{-}CO{-}O{-}CH{=}CH_2$, und Polymere der Acrylsäureester von Dihydroperfluoralkanolen, $Rf\text{-}CH_2{-}O{-}COCH{=}CH_2$ [164]. Von diesen beiden Typen sind nur die Polyacrylsäureester wichtig geworden, da die Vinylester der Perfluorcarbonsäuren stark hydrolyseanfällig sind.

Die n-1.1-Dihydroperfluoralkanole erhält man durch Reduktion der entsprechenden Carbonsäure oder des Säurechlorids mit $LiAlH_4$ [165].

Zweckmäßigerweise stellt man die 1.1-Dihydroperfluoralkanole durch katalytische Reduktion der Säuren, z.B. mit einem Ru—C-Katalysator, her [166].

Siedepunkte einiger Acrylate

	Kp (°C)
n-1.1 Dihydroperfluorbutylacrylat	122
n-1.1 Dihydroperfluorhexylacrylat	157
n-1.1 Dihydroperfluoroctylacrylat	188
n-1.1 Dihydroperfluordecylacrylat	220

Die Acryl- bzw. Methacrylsäureester können sowohl im Block als auch in Emulsion in wäßrigem Medium polymerisiert werden.

Durch Mischpolymerisation mit anderen polymerisierbaren Substanzen hat man große Variationsmöglichkeiten [167]. Mit großer Wahrscheinlichkeit sind die im Augenblick auf dem Markt befindlichen Oleophobierungsmittel solche Mischpolymerisate.

Die farblosen, stabilen wäßrigen Emulsionen können zur Imprägnierung von Textilien direkt benutzt werden. Wenn das Material, z.B. Polsterstoffe, nicht mit wäßrigen Flotten benetzt werden darf, werden die Polymerisate ausgefällt und in organischen Lösungsmitteln wieder gelöst angewendet.

Es zeigte sich, daß die alleinige Verwendung von Perfluor-Verbindungen oder deren Mischpolymerisaten auch Nachteile hat. Bei der Ausrüstung bildeten sich auf den Walzen Beläge, die ein kontinuierliches Arbeiten erschwerten. Die Flottenstabilität und die wasserabweisenden Eigenschaften waren nicht ausreichend und die ölabweisenden nicht waschbeständig. Daher hat sich in der Praxis die Mitverwendung von Zusatzprodukten zur Erzielung optimaler Effekte als notwendig erwiesen. Als solche kommen z.B. in Betracht: Vorkondensate von Melamin, Aminotriazin, N-Alkyl-N',N'alkylenharnstoffe mit Formaldehyd. Bei geeigneter Kombination von Fluorcarbonpolymerisat, Reaktantharz, Hydrophobiermittel (z.B. auf Paraffinbasis) und Katalysator kann man synergistische Effekte erzielen und damit eine von einer Perfluoralkyl-Verbindungen allein erhaltene Ölabweisung bei *weitem übertreffen* [168].

Technisch interessanter als die auf Perfluorcarbonsäuren aufgebauten Scotchgard®-Typen sind diejenigen, die man mit Perfluorsulfonsäuren erhält, da diese mit besseren Ausbeuten hergestellt werden können und daher billiger entstehen.

Die Fa. Minnesota Mining and Manufacturing Comp. beschreibt z.B. folgenden Verbindungstyp:

$$\underset{\displaystyle R_1}{Rf-SO_2\overset{}{N}}-R-CH_2-O-\underset{\displaystyle R_2}{COC}=CH_2 \quad [169]$$

Das unter dem Namen Scotchgard FC 208 (MMM) bekannte Produkt, das in Deutschland von der Fa. Pfersee als Scotchgard Oleophobol P 68 vertrieben wird, enthält mit großer Wahrscheinlichkeit diesen Verbindungstyp. Selbstverständlich werden auch diese von den Perfluoralkylsulfosäuren sich ableitenden Verbindungen mit anderen fluor-freien Vinylverbindungen mischpolymerisiert und bei der Ausrüstung mit Zusatzprodukten kombiniert.

Während FC 208 eine Wasser-Aceton-Emulsion ist, wird für spezielle Einsätze das wasserfreie FC 310 angeboten.

Ein großer Nachteil der mit diesen Oleophobierungsmitteln ausgerüsteten Gewebe ist, daß einmal festsitzender Schmutz nur schwer wieder entfernt werden kann (kein soil release-Effekt). In der letzten Zeit ist es anscheinend gelungen, Produkte zu entwickeln, die den soil repellent und den soil release-Effekt in sich vereinen. Ein derartiges Produkt ist „Double Action" Scotchgard, das unter dem Namen FC 218 auf dem Markt erscheint. FC 218 ist eine wäßrige Dispersion mit ca. 30% Feststoffgehalt.

Bekanntlich wird die Auswaschbarkeit von Schmutz erleichtert durch Aufbringen einer Dispersion von Mischpolymerisaten aus Acrylsäure und Äthylacrylat auf die Faser.

Vermutlich ist FC 218 ein Mischpolymerisat von

$$\begin{array}{l} Rf{-}SO_2{-}\underset{\displaystyle R_1}{\underset{|}{N}}{-}R{-}O{-}CO\underset{\displaystyle R_2}{\underset{|}{C}}{=}CH_2 \end{array}$$

Acrylsäure und Äthylacrylat. Diesem Polymerisat werden als Dispergator Polyglykol und eine fluorhaltige Carbonsäure zugesetzt [170].

Wie ist die Ölabweisung dieser Fluorverbindungen zu erklären? Der auf der Faser befindliche Überzug ist derart orientiert, daß der nichtfluorierte Teil der Verbindung reaktiv oder durch Adhäsion mit dem Substrat verbunden ist. Der Perfluoralkyl-Rest zeigt nach außen und schafft eine Oberfläche mit außerordentlich niedriger freier Oberflächenenergie, die durch Wasser und Öl nicht benetzt wird, weil der Kontaktwinkel (auch Randwinkel genannt) auf dieser Oberfläche extrem groß ist. Die synergistischen Effekte bei der Mitverwendung von Zusatzprodukten kann man durch eine besonders optimale Orientierung der Perfluoralkylreste auf der Faser erklären.

Der Ersatz eines einzigen Fluoratoms gegen Wasserstoff in ω-Stellung verschlechtert die Ölabweisungskraft bereits sehr stark. Es entsteht nämlich ein permanenter Dipol und damit können sich Wasserstoffbrücken bilden. Dagegen vermindern auch mehrere Methylengruppen am Ende des Perfluoralkylrestes die Wirksamkeit nicht.

Die Verbindung

$$\begin{array}{l} Rf{-}(CH_2{-}CH_2)_n{-}O{-}\underset{\displaystyle CH_3}{\underset{|}{C}}OC{=}CH_2 \end{array}$$

besitzt [171] die gleichen Oleophobierungseigenschaften wie

$$Rf{-}CH_2{-}OCOC{=}CH_2 \text{ (mit } CH_3 \text{ am C)} \quad \text{oder} \quad Rf{-}SO_2{-}\underset{\displaystyle R}{\underset{|}{N}}{-}R{-}CH_2{-}O{-}COC{=}CH_2 \text{ (mit } CH_3 \text{ am C)}$$

Dieser Verbindungstyp ist hauptsächlich von der Fa. DuPont bearbeitet worden. Wie früher ausgeführt erhält man durch Telomerisation von Tetrafluoräthylen mit Pentafluoräthyljodid das $CF_3(CF_2{-}CF_2)_nJ$. Durch weitere Umsetzung mit Äthylen und anschließende Verseifung mit Oleum kommt man zu den Alkoholen.

$$CF_3(CF_2CF_2)_n \cdot (CH_2CH_2)_mJ \xrightarrow{\text{Oleum}} CF_3(CF_2CF_2)_n \cdot (CH_2CH_2)_m\,OH \quad [172]$$

Die daraus erhältlichen Acrylsäureester und ihre Polymerisate bringt DuPont unter dem Namen Zepel® in den Handel.

Zepel B und Zepel DR unterscheiden sich in ihrer Wirksamkeit kaum von FC 208 und Zepel S unterscheidet sich nicht von FC 310. Ein dem FC 218 entsprechendes Produkt ist anscheinend von DuPont noch nicht in den Handel gekommen.

Wie erwähnt werden für die Oberflächenbehandlung von Papier fluorhaltige Chromkomplexe verwendet. Bekannt ist das von Minnesota Mining and Manufacturing Comp. unter dem Namen Scotchban® herausgebrachte FC 805.

In der letzten Zeit sind auch chromfreie Typen entwickelt worden [173]. Es sind im Handel:

1. Scotchban FC 806. Während FC 805 nur zur Oberflächenbehandlung angewendet werden kann, kann FC 805 sowohl nachträglich auf das fertige Papier aufgetragen als auch direkt der Papiermasse beigegeben werden [174].
2. Zonyl RP Paper Fluoridizer (DuPont) [175].
3. Pentel Fluortelomer Paper Size (Pennsalt Chem. Corp.).

Die oleophoben Eigenschaften der organischen Fluorverbindungen sind an zwei Bedingungen geknüpft. Sie müssen unverzweigte perfluorierte C-Ketten mit mindestens vier C-Atomen besitzen. Bessere Wirkung zeigen perfluorierte Ketten mit 7 bis 9 C-Atomen. Die zur Prüfung der Ölabweisung entwickelten Testmethoden beruhen darauf, daß man verschiedene Kohlenwasserstoffe oder ihre Gemische auf das Substrat bringt und untersucht, ob ein Benetzen eintritt [176].

1. Test der Minnesota Mining and Manufacturing Comp.

Paraffinöl	n-Heptan	Ölabweisungswert
100%	–	50
90	10	60
80	20	70
70	30	80
60	40	90
50	50	100
40	60	110
30	70	120
20	80	130
10	90	140
–	100	150

Man läßt die Gemische 3 Minuten einwirken und ordnet dem Substrat den entsprechenden Ölabweisungswert zu, bei dem gerade noch kein Benetzen eintritt.

Bei längerem Stehen der Prüflösungen besteht jedoch die Gefahr, daß der Gehalt an n-Heptan verdunstet und die gefundenen Werte zu hoch liegen.

2. Test der American Association of Testil Chemist's and Colorist's [177]

Paraffinöl	1
Paraffinöl + n-Hexadecan	2
n-Hexadecan	3
n-Tetradecan	4
n-Dodecan	5
n-Decan	6
n-Octan	7
n-Heptan	8

Die Einwirkungszeit auf das Substrat beträgt 30 Sekunden. Dieser Test wurde früher von DuPont benutzt und mit geringen Veränderungen von der AATCC als Standard-Testmethode herausgebracht.

Weil hierbei zur Hauptsache reine Kohlenwasserstoffe eingesetzt werden, ist die Methode zuverlässiger. Da sie jedoch erst 1967 veröffentlicht wurde, sind die meisten Vergleichswerte in der Literatur nach dem Test 1 ermittelt.

Vor wenigen Jahren sind von *Pittman* auf Basis perfluorierter Ketone speziell Hexafluoraceton, Verbindungen entwickelt worden, die ebenfalls für eine Oleophobierung vorgeschlagen wurden. Es handelt sich um folgendes Prinzip:

$$(CF_3)_2CO \xrightarrow{KF} CF_3{-}\underset{\underset{F}{|}}{\overset{\overset{CF_3}{|}}{C}}{-}OK \quad ^{178)}$$

Hexafluoraceton gibt mit KF das nicht-isolierbare Kaliumsalz des Perfluorisopropylalkohols. Dieses K-Salz kann mit einer Reihe von Verbindungen zu polymerisierbaren Monomeren umgesetzt werden.

Einige Typen:

$$(CF_3)_2CF{-}O{-}\underset{\underset{O}{\|}}{C}{-}\underset{\underset{R}{|}}{C}{=}CH_2 \quad ^{179)}$$

$$(CF_3)_2CF{-}O{-}(CH_2)_3{-}CH{=}CH_2 \quad ^{180)}$$

$$(CF_3)_2CF{-}O{-}CH{=}CH_2 \quad ^{181)}$$

$$(CF_3)_2CF{-}OCH_2{-}\underbrace{CH{-}CH_2}_{O} \quad ^{182)}$$

Das maximale Ölabweisungsvermögen liegt zwischen 80—90, wohingegen die Konkurrenzprodukte Werte zwischen 100—110 zeigen. Die Verbindungen dürften daher voraussichtlich keine technische Bedeutung erlangen.

Das gleiche gilt für das Chlorsilan [183] $(CF_3)_2{-}CF{-}O{-}CH_2{-}CH_2{-}SiCl_3$. Die Ölabweisung wird durch die Reaktion mit dem Substrat nicht besser als bei den anderen Produkten mit dem Perfluorisopropyl-Rest.

Über die wirtschaftliche Bedeutung der Perfluorverbindungen für die Oleophobierung liegen keine ausreichenden Unterlagen vor. Man darf annehmen, daß 1967 ca. 3000 t derartiger Produkte im Wert von 90—120 Mill. DM verkauft wurden, davon allein in USA für 80—100 Mill. DM.

XIV. Farbstoffe

Als anfangs der 30er Jahre die chemische Industrie begann, sich näher mit organischen Fluorverbindungen zu beschäftigen, wandte sie sich zunächst zwei Hauptgebieten zu: Den niederen aliphatischen Fluorchlor-Verbindungen und den trifluormethyl-substituierten Anilin-Derivaten. Die erste Gruppe, ungiftige, nicht brennbare Verbindungen mit niederen Siedepunkten, eigneten sich als Kältemittel. Die zweite Verbindungsklasse, die im wesentlichen in Deutschland bearbeitet wurde, brachte der Farbstoffchemie neue Impulse. Man fand, daß Azofarbstoffe, bei denen sich der Diazo-Rest vom Anilin ableitet, in besonders lichtechten und lebhaften Tönen erhalten wurden, wenn der Anilin-Rest mit einer Trifluormethyl-Gruppe substituiert worden war.

Aufgrund dieser Erkenntnis wurden Basen entwickelt, die als Kupplungskomponente für Naphthol-AS-Farbstoffe technische Bedeutung erlangt haben. Es handelt sich um

4-Chlor-3-amino-benzotrifluorid	=	Echtorange RD-Base,
5-Chlor-2-amino-benzotrifluorid	=	Echtscharlach VD-Base,
3-Amino-1.5-bis-trifluormethyl-benzol	=	Echtorange GGD-Base und
3-Amino-4-äthylsulfon-benzotrifluorid	=	Echtgoldorange GR-Base

Aus der Reihe der Küpenfarbstoffe hat das Indanthrenblau CLB als einziger Vertreter aus einer großen Anzahl von Versuchsprodukten auch heute noch technische Bedeutung:

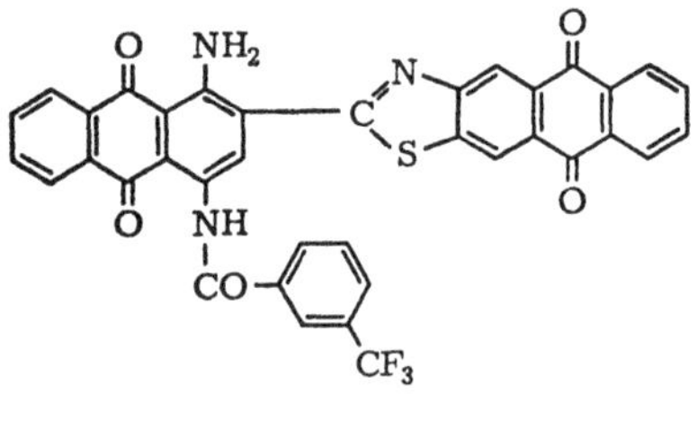

O NH$_2$ O N C S O NH CO CF$_3$

Bei den genannten Farbstofftypen übernahmen die Fluoratome lediglich die Rolle von Wasserstoffatomen, wodurch bestimmte coloristische Effekte erzielt wurden. In neuester Zeit sind Fluorverbindungen bekannt geworden, die als Bestandteile von Farbstoffmolekülen an der Fixierung des Farbstoffes an die Faser entscheidende Bedeutung haben. Es handelt sich um Reaktivfarbstoffe mit Tetrafluorcyclobutyl-Resten. Reaktivfarbstoffe sind farbige Verbindungen, die im Laufe des Färbeprozesses kovalente Bindungen mit dem Material (Textilfasern, Kunststoffe) eingehen. Diese Farbstoffklasse hat seit etwa 10 Jahren technische Bedeutung. Bekannte Vertreter sind die Procion®-Farbstoffe, die Cibacron®-Farbstoffe, die Remazol®-Farbstoffe, die Drimaren®- und Reakton®-Farbstoffe, sowie die Permafix®- und Levafix®-Farbstoffe [184].

Reaktivfarbstoffe auf der Basis von Tetrafluorcyclobutyl-Resten sind nach folgendem neuen Prinzip aufgebaut [185]:

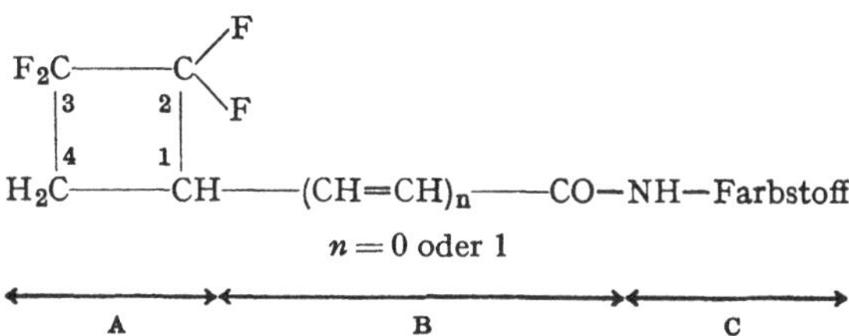

Die wesentlichen Bestandteile sind:

A der Cyclobutanring mit den austauschbaren Fluoratomen am Kohlenstoffatom 2,
B Das Brückenglied zum Farbstoff und
C der Farbstoffrest.

Das zur Herstellung dieser Reaktivfarbstoffe benötigte Säurechlorid kann entweder das 2.2.3.3-Tetrafluor-cyclobutan-1-carbonsäurechlorid oder das β-(2.2.3.3-Tetrafluor-cyclobutyl)-acrylsäurechlorid sein. Diese Säurechloride, von denen das zuerst genannte schon 1943 von *Paul L. Barrick* beschrieben wurde, sind wasserhelle, leicht bewegliche Flüssigkeiten, die im Vakuum unzersetzt destillierbar sind [186].

Von den beiden genannten Säurechloriden hat das β-(2.2.3.3-Tetrafluor-cyclobutyl)-acrylsäurechlorid technisches Interesse. Es wird auf folgendem Weg dargestellt:

$$\begin{array}{lll} CF_2{=}CF_2 + & & CF_2{-}CF_2 \\ & & \vert \quad\;\; \vert \\ CH_2{=}CH{-}CH{=}CH{-}CN & \rightarrow & CH_2{-}CH{-}CH{=}CH{-}CN \xrightarrow{H_2SO_4} R{-}COCl \end{array}$$

Die Addition von Tetrafluoräthylen an 1-Cyanbutadien wird bei 140—150 °C und 18—20 atü in einer Blasensäule durchgeführt [187]. Das β-(2.2.3.3-Tetrafluorcyclo-butyl)acrylnitril wird in vorzüglicher Ausbeute neben nur ganz geringen Mengen an 1-Cyan-4-vinyl-2.2.3.3-tetrafluorcyclobutan, das durch 1.2-Addition des Cyanbutadiens entsteht, erhalten.

Die Verseifung der Cyangruppe mit 70%iger Schwefelsäure ergibt Tetrafluorcyclobutyl-acrylsäure, die mit Thionylchlorid in das entsprechende Säurechlorid umgewandelt wird. Der Siedepunkt des Gemisches von cis-trans-Isomeren liegt bei 75—95%/20 Torr.

Die Verknüpfung des Säurechlorids mit einem Farbstoffmolekül erfolgt über die Carbonamidgruppe. Ein aminogruppen-haltiger Farbstoff, z.B. ein Azofarbstoff, wird bei 5—10 °C und pH 5—6 in wäßriger Lösung mit dem Säurechlorid acyliert und auf die übliche Weise isoliert. Dieser Farbstoff wird in Gegenwart von Natriumhydroxyd nach den in der Färberei oder Druckerei üblichen Verfahren auf Baumwolle aufgetragen und anschließend einer Wärmebehandlung von ca. 70—80 °C unterworfen. Hierbei tritt die Fixierung des Farbstoffes durch chemische Bindung an die Cellulose ein.

Für die Reaktionsfähigkeit der besprochenen Farbstoffe sind die 2-ständigen Fluoratome am Cyclobutanring verantwortlich. Sie können mit nucleophilen Reaktionspartnern in Wechselwirkung treten. Der erste Schritt besteht in der Abspaltung von HF unter Bildung eines Cyclobutenrings.

```
F2C—CF
 |   ||
H2C—C—(CH=CH)—CO—NH-Farbstoff,
```

Das Cellulose-Anion lagert sich nun an das Ring-C-Atom 2, ein Proton an das C-Atom 1.

```
          O-Cellulose
         /
F2C—C
 |   | \
 |   |  F
H2C—CH—(CH=CH)—CO—NH-Farbstoff
```

Unter der Einwirkung von Alkali spaltet sich schließlich nochmals HF ab

```
F2C—C—O—Cellulose
 |   ||
H2C—C—CH=CH—CO—NH-Farbstoff,
```

womit die endgültige Fixierung erfolgt ist.

Durch die Wahl der Farbstoffkomponente können nach diesem Prinzip Färbungen mit verschiedenen Farbnuancen erhalten werden. Die Echtheitseigenschaften solcher Färbungen sind hervorragend. Die beschriebenen Reaktivfarbstoffe werden im Rahmen des Remazol®-Sortimentes der Farbwerke Hoechst in den Handel gebracht.

Literatur

In Anpassung an die Richtlinien für den internationalen Patent-Austausch werden folgende Länderbezeichnungen verwendet:

BE	Belgien	JA	Japan
FR	Frankreich	NE	Niederlande
GB	Großbritannien	SZ	Schweiz
GE	Deutschland	US	USA

1) *Simons, J. H.:* Fluorine Chemistry. New York: Academic Press Inc., Publisher 1950—1964. Ullmanns Enzyklopädie der technischen Chemie *7*, 605 (1956); *Stace, M., J. C. Tatlow,* and *G. A. Sharpe:* London: Butterworth 1963; Encyclopedia of Chemical Technology, *Kirk-Othmer 9*, 506 (1966). Interscience Publishers a division of John Wiley & Sons, New York-London-Sydney.

2) United States Bureau of Mines Report R. J. 3013 und R. J. 3185 Underwriters Laboratories Report MHN 2256, 2375, 2630, 3072, 3134.

3) GE 552919 (1930) Kinetic.

4) GE Bios Final Report No. 112 (Farbwerke Hoechst).

5) GE 1000798 (1952) Farbwerke Hoechst.

6) US 2744147 (1952) Dow Chemical.

7) GB 1025759 (1963) Farbwerke Hoechst.

8) GB 378324 (1932) Frigidaire Corp.

9) GB 1025759 (1963) Farbwerke Hoechst.

10) *Plank, R.:* Kältetechnik *8*, 127 (1956).

11) US 2404374 (1963) DuPont;
GE 1251311 (1966) Farbwerke Hoechst.

12) GE 1205533 (1962) The National Smelting Comp.

13) *Lessenich, W.:* Der Kälte-Klima-Praktiker, Jahrg. 5/Heft 12, S. 273. Karlsruhe: C. F. Müller 1965.

14) GE 1201810 (1963) Allied Chem. Corp.

15) US 3173872 (1965) Allied Chem. Corp.

16) *Plank, R.:* Kältetechnik *7*, 222 (1960).

17) BE 669063 (1965) Allied Chem. Corp.

18) US 3085116 (1963) DuPont.

19) *Kollràck, G.:* Anhaltende Expansion des Aerosol-Marktes. Fette, Seifen, Anstrichmittel *70*, 509 (1968).

20) Metra International;
Europlastics Produktmonographie Bd. 8 „Polyurethane", Paris 1965.

21) GE 1168404 (1962) Farbwerke Hoechst;
US 2731505 (1956) Firestone Fire Rubber Comp.

22) GE 1155104 (1960) Farbwerke Hoechst.

23) Zentr. Arbeitsmed. Arbeitsschutz *14*, 129 (1964).

24) Chem. Ind. *67*, 266 (1955).

25) *Miller*, jr., *W. T.*, et al.: Ind. Eng. Chem. *30*, 333 (1947).
US 2636907 (1949) Kellog;
GE 954644 (1953) Kellog;
GE 1052969 (1956) Farbwerke Hoechst;
GE 1086433 (1956) Farbwerke Hoechst.
26) GE 1003700 (1954) Farbwerke Hoechst.
27) Technical Information Chem. Division Minnesota Mining Manuf. Kel F® Brand Oils, Waxes and Greases.
28) Chemische Produkte Inert Alert;
Erfahrungsbericht Minnesota Mining Manufact. Düsseldorf;
Marcellius, M. C., et al.: Heat Transfer Characteristics of Fluorchemicals Inert Liquid FC 75;
J. Chem. Eng. Data *6*, 459 (1961).
29) Chem. Ind. *19*, 326 (1967);
Chem. Ind. *20*, 351 (1968);
Chem. Eng. News *45*, 18 (7.8.1967);
Chem. Eng. News *45*, 12 (26.6.1967);
Sinaesi, D.: Perfluor. Polyäther. Eine neue Klasse von interten Flüssigkeiten.
Chim. Ind. *50*, 206 (1968);
US 3214478 (1961) DuPont;
BE 662267 (1965) Montecatini Edison;
GE 1240516 (1964) DuPont;
GE 1188286 (1962) DuPont;
GE 1240516 (1964) DuPont;
GE 1252650 (1963) DuPont;
Information Bulletin DIPI No. 147 E Fómblin Montecatini Edison. *Sianesi, D.:* The Chemistry of Hexafluorpropene. Epoxide Org. Chem. *31*, 2312 (1966).
30) Oil Paint & Drug Reporter Jan. 1966.
31) GE 677071 (1934) Farbwerke Hoechst.
32) US 2590433 (1949) Kellogg.
33) GE 953972 (1956) Farbwerke Hoechst.
34) US 2579437 (1948) Kellogg;
GE 828595 (1949) Farbwerke Hoechst;
US 2766215 (1953) UCC.
35) US 2569524 (1949) Kellogg;
Hamilton, jr., J. M.: Ind. Eng. Chem. *45*, 1347 (1953).
36) *Bier, G.*, et al.: Angew. Chem. *66*, 285 (1954);
Walsh, E. K., et al.: J. Polymer Sci. *26*, 1 (1957);
Veit, G.: Fluorkunststoffe in der Verfahrenstechnik. Chem. Ind. *19*, 320 (1967).
37) Ullmanns Enzyklopädie der technischen Chemie 1963, *14*, 218.
38) US 2384821 (1944) Kinetic;
US 2406794 (1944) Kinetic;
Park, J. D., et al.: Ind. Eng. Chem. *39*, 354 (1947).
39) GE 1073475 (1958) Farbwerke Hoechst.
40) *Bryant, W. M.:* J. Polymer Sci. *56*, 277 (1962); Chem. Age India *60*, 10 (1949).
41) US 2407396 (1943) DuPont.
42) GE 818258 (1950) DuPont;
US 2612484 (1952) DuPont.
43) US 2559752 (1951) DuPont;
US 3009892 (1961) ICI;
GE 813462 (1950) DuPont.

44) Chem. Eng. News *44*, No. 35, 38 (1966);
BE 681046 (1961) DuPont.
45) GE 1147141 (1960) The Gilette.
46) Kunststoffe Hoechst, Hostaflon TF, Farbwerke Hoechst AG, Frankfurt (Main) 80, Verkauf Kunststoffe.
47) Metro International Europlastic *6*, 4 (1966).
48) Chem. Eng. News *42*, No. 3, 32 (1964).
49) *Nicholson, F. R.*: Trans. Inst. Rubber Ind. *39*, No. 5,214 (1963).
50) US 2758138 (1956) DuPont;
US 2759983 (1956) DuPont.
51) US 2549955 (1946) DuPont;
US 2598283 (1952) Atomic Energy Comm.;
US 2946763 (1957) DuPont.
52) *Mallonk, RS.*, et al.: Kunststoffe *49* (1959) 237;
Salamon, F. H.: Kautschuk und Gummi-Kunststoffe *17*, 451 (1964).
53) US 2551573 (1951) DuPont;
US 2774799 (1956) Kellogg;
US 2401987 (1946) DuPont;
GE 1068695 (1958) Farbwerke Hoechst.
54) US 2435537 (1948) DuPont;
US 2635093 (1950) Allied Chem. Corp.
55) Chemical Resistance Properties of Kynar, Pennsalt Chem. Corp., Philadelphia 1965.
Dukert, A. A.: Polyvinylidene Fluoride Resin Kynar, Fabrication and Applications, Soc. Plastics Eng. 18th Annual National Technical Conference Pittsburgh (1962);
Barnhart, W. S., et al.: Polyvinylidene Fluoride-RC 2525 Resin Properties, Soc. Plastics Eng. 17th Annual National Technical Conf. Washington (1961);
Ingraham, F. S., et al.: Polyvinylidene Fluoride. Ind. Eng. Chem. *56*, 53 (1964).
56) Chem. Eng. News *44*, No. 35, 38 (1966).
57) GE 641878 (1934) Bayer-Leverkusen;
US 2401850 (1944) DuPont;
GB 600296 (1945) ICI;
US 2471525 (1947) Phillips Petroleum;
US 2334480 (1948) Phillips Petroleum;
US 2892000 (1957) DuPont.
58) US 2425991 (1947) DuPont.
59) US 2599631 (1959) DuPont.
60) *Kalb, G. H.*, et al.: J. Appl. Polymer Sci. *4*, 55 (1960);
Newkirk, A. E.: J. Am. Chem. Soc. *68*, 2467 (1946).
61) *Simril, V. W.*, et al.: J. Appl. Polymer Sci. *4*, 62 (1960); Mod. Plastics *36*, 121 (Juli 1959);
Dietrich, J. J.: Paint and Varnish Production (Now. 1966) 75; Diamond Chemicals Technical Bulletin No. 5 (1966) OOBO Dalvor 720;
Dietrich, J. J., et al.: (Diamond Alkali), Polyvinylfluoride Properties and Coating Technology; 8th Annual Symposium on New Coatings and New Coatings Raw Materials Fair Hills Resort, Detroit Lakes, Minnesota (1966).
62) US 3023187 (1962) Minnesota Mining Manufact.;
US 3051677 (1962) DuPont;
GB 823974 (1959) Minnesota Mining Manufact.
63) *Smith, J. F.*, et al.: J. Appl. Polymer. Sci. *5*, 460 (1961);
Moran, A. L., et al.: Ind. Eng. Chem. *51*, 831 (1959).

64) Chem. Ind. *20*, 751 (1968).
65) US 2468054 (1949) DuPont;
US 2738343 (1956) Kellogg;
US 2752331 (1956) Kellogg.
66) *Robbe, W. E.*, et al.: Rubber Age *82*, No. 2, 286 (1957).
67) Rubber Plasticas Weekly *141*, No. 15, 536 (1961).
68) Chem. Ind. *19*, 385 (1967).
69) GE 1032539 (1954) Minnesota Mining Manufact.;
US 2642416 (1952) Minnesota Mining Manufact.;
US 2811501 (1953) Minnesota Mining Manufact.
70) GB 809317 (1959) Midland Silicones Ltd.
71) *Geyer, A. M.*, et al.: J. Chem. Soc. *1957*, 4472.
72) *Konkle, G. M.*: Rubber Age *84*, 975 (1959);
Pierce, O. R., et al.: Ind. Eng. Chem. *52*, 783 (1960);
Gummi Asbest *10*, 498 (1957);
Red. Gen. Caoutschouk *38*, 91 (1961).
73) US 3040085 (1962) S. Andreades;
Haszeldine, R. N., et al.: J. Chem. Soc. *1955*, 1881; *1956*, 3424;
Chem. Eng. News *38*, No. 16, 107 (1960);
US 3083237 (1963) Haszeldine;
GE 1067594 (1956) ICI;
Tarrant, P.: Fluorine Chem. Rev. *1*; Synthesis, Compounding and Properties of Nitroso Rubber. New York: Marcel Dekker 1967.
74) GE 664062 (1936) Bayer-Leverkusen.
75) *Schrader, G.*: Die Entwicklung neuer Insektizide und Grundlage organischer Fluor- und Phosphorverbindungen, 2. Aufl. Weinheim: Verlag Chemie 1952.
76) GE 871977 (1942) Farbwerke Hoechst.
77) *Martin, H.*: Guide to the chemicals used in crop protection, 4. ed., Queens Printer and Controller of Stationary, Ottawa 1961, 387;
Frear, D. E. H.: Pesticide Index, College Science Publishers, State College Pennsylvania 1961, 193.
78) *Phillips, M. A.*: Agr. Vet. Chem. *1*, No. 2, 107 (1960).
79) GE 1161078 (1960) Farbwerke Hoechst.
80) JA 8808/68 (1964) Nippon Soda.
81) *Sugimoto, Yoshio*: Development of Agricultural Chemicals in Japan, Japan Chemical Quarterly III, 53 (1967). Food Hygiene Soc. Japan J. *9*, No. 1 (1968).
82) Bios Final Report 714 (1947).
83) GE 895228 (1950) Fisons Pest Control.
84) Experimental Pesticide Bulletin. Fisons Pest Control Ltd., 1. ed., May 1960;
Greene, R. A., et al.: Control of Fruit Tree Spider Mithes with NC 5016, Proceedings of the 4th British Insecticide and Fungicide Conference 1967, 209;
Jaggers, D. T.: Trifluormethyl-benzimidazoles, a new family of Acaricides. Nature *215*, 275 (1967);
Gerring, R. A., et al.: Field results with a new acaricide, 5.6-dichloro-1-phenoxy-carbonyl-2-trifluormethylbenzimidazol. Proceed. Internat. Congr. of Acarology, Nottingham 1967.
85) *Kühle, E.*, et al.: Angew. Chem. *76*, 807 (1964).
86) *Petrow, K. A.*, et al.: J. Gen. Chem. USSR (English Transl.) *29*, 3362, 3401 (1959).
87) GE 914779 (1960) Ciba.
88) GB 917253 (1961) Eli Lilly.

[89] FR 1426887 (1964) Fisons Pest Control;
GB 1087561 (1963) Fisons Pest Control;
Burston, DE., et al.: Nature *208*, 1166 (1965).
[90] *Pfeiffer, R. K.*: 8th British Weed Control Conf. 1966, 394;
Holly, K.: 9th British Weed Control Conf. 1968, 1285;
Jones, O. T., et al.: Nature 5016, 1169 (1965);
Newbold, G. T., et al.: Nature 5016, 1166 (1965).
[91] NE 6705871 (1967) Fisons Pest Control.
[92] GE 1068505 (1967) Farbwerke Hoechst;
Käding, D.: Die Lamprete und ihre Bekämpfung. Naturwissenschaften *54*, 353 (1967).
[93] GE 621862 (1932) Schiemann.
[94] GE 741780 (1942) Knoll AG.
[95] *Ehrhart, G.*, u. *H. Ruschig*: Arzneimittel. Weinheim: Verlag Chemie 1968.
[96] *Hench, P. S.*, et al.: Proc. Staff Meetings Mayo Clin. *24*, 181 (1949).
[97] *Fried, J.*, et al.: Recent. Progr. Hormone Res. *11*, 149 (1955).
[98] — J. Am. Chem. Soc. *75*, 2273 (1953); *76*, 1455 (1954).
[99] *Herzog, H. L.*, et al.: Science *121*, 176 (1955).
[100] *Meystre, C.*, et al.: Helv. Chim. Acta *39*, 734 (1956).
[101] *Nobile, A.*, et al.: J. Am. Chem. Soc. *77*, 4184 (1955);
Vischer, E., et al.: Helv. Chim. Acta *38*, 835 (1955).
[102] *Bernstein, S.*, et al.: J. Am. Chem. Soc. *78*, 5693 (1956).
[103] *Thoma, R. W.*, et al.: J. Am. Chem. Soc. *79*, 4818 (1957).
[104] *Spero, G. B.*, et al.: J. Am. Chem. Soc. *78*, 6213 (1956); *79*, 1515 (1957).
[105] *Cooley, G.*, et al.: J. Chem. Soc. *1957*, 4112.
[106] *Arth, G. E.*, et al.: J. Am. Chem. Soc. *80*, 3160 (1958).
[107] *Oliveto, E. P.*, et al.: J. Am. Chem. Soc. *80*, 4428, 4431 (1958);
Marker, R. E., et al.: J. Am. Chem. Soc. *64*, 1280 (1942).
[108] *Oliveto, E. P.*, et al.: J. Am. Chem. Soc. *80*, 4428 (1958);
Daub, D., et al.: J. Am. Chem. Soc. *80*, 4435 (1958);
Oliveto, E. P., et al.: J. Am. Chem. Soc. *80*, 6687 (1958).
[109] *Wettstein, A.*: Helv. Chim. Acta *27*, 1803 (1944).
[110] *Hoog, J. A.*, et al.: Chem. Ind. *1958*, 1002.
[111] — Chem. Ind. *1958*, 1002;
Bowers, A., et al.: J. Am. Chem. Soc. *81*, 4107, 5991 (1959).
[112] *Bloom, B. M.*, et al.: Chem. Ind. *1959*, 1317.
[113] *Fried, J.*, et al.: J. Am. Chem. Soc. *80*, 2338 (1958).
[114] *Hirschmann, R.*, et al.: J. Am. Chem. Soc. *85*, 120 (1963);
Fried, J. H., et al.: J. Am. Chem. Soc. *85*, 236 (1963).
[115] *Kochakian, C. D.*: Vitamins Hormones *4*, 225 (1946).
[116] *Heyl, W. F.*, et al.: J. Am. Chem. Soc. *75*, 1918 (1953);
Bernstein, S., et al.: J. Org. Chem. *19*, 41 (1954);
Fried, J., et al.: J. Am. Chem. Soc. *75*, 2273 (1953); *76*, 1455 (1954).
[117] *Jale, H. L.*, et al.: J. Am. Chem. Soc. *79*, 4375 (1957).
[118] US 3057861 (1962) Olin Mathieson.
[119] *Janssen, P. A.*, et al.: J. Med. Pharm. Chem. *1*, 281 (1959).
[120] *Novello, F. C.*, et al.: J. Am. Chem. Soc. *79*, 2028 (1957).
[121] *de Stevens, G.*, et al.: Experientia *14*, 463 (1958).
[122] *Cohne, E.*, et al.: J. Am. Chem. Soc. *81*, 5508 (1959); *82*, 2731 (1960).
[123] GB 870541 (1961) Merck & Co.
Presse Med. *71*, 181 (1963).
[124] *Vanbreuseghem, R.*, et al.: Biochem. Pharmacol. *11*, 813 (1962).

[125] *Ackermann, W. W.*, et al.: J. Exptl. Med. *100*, 437 (1950); *Levintow, L.*, et al.: Virology *16*, 220 (1962).

[126] *BUU-Hoi, N. P.*, et al.: Experientia *12*, 73 (1956).

[127] *Lermann, S.*, et al.: Nature *194*, 986 (1962).

[128] *BUU Hoi:* Les dérivés organiques du fluor d'intérêt pharmakologique. In *E. Jucker*, Fortschr. Arzneimittelforsch. Basel u. Stuttgart: Birkhäuser 1961.

[129] *Hauschild, F.*: Pharmakologie und Grundlagen der Toxikologie, 2. Aufl., 215 S. Leipzig: Thiemig 1960.

[130] *Heidelberger, Ch.*, et al.: J. Am. Chem. Soc. *79*, 4559 (1957).

[131] — J. Med. Chem. *7*, 1 (1964).

[132] *Metysch, J.*, et al.: Naunyn-Schmiedebergs Arch. Exptl. Pathol. Pharmakol *245*, 126 (1964).

[133] *Robbins, J.*: Pharmacol. Exptl. Therapie *86*, 197 (1946).

[134] *Sadove, M. S.*, et al.: Anesthesiology *17*, 591 (1956).

[135] *Harder, H. J.*: Technische Sicherheitsprobleme im Operationstrakt. Berlin-Heidelberg-New York: Springer 1965.
Poznak, A. van, et al.: Aesthetic properties of a series of fluorinated compounds. Toxikol. Appl. Pharmacol. *2*, 374 (1960).

[136] GB 523449 (1938) ICI.

[137] GE 1183063 (1960) Dow Chem.

[138] GE 1228239 (1965) Farbwerke Hoechst.

[139] GE 1069830 (1958) Olin Mathieson.

[140] GE 1135437 (1960) ICI.

[141] GE 1041937 (1957) Farbwerke Hoechst.

[142] *Warner, W. A.*, et al.: Anesthesia Analgesia Current Res. *46*, 32 (1962).

[143] *Dobkin, A. B.*, et al.: Anesthesiology *29*, 275 (1968).

[144] *Simons, J. H.*, et al.: J. Electrochem. Soc. *95*, 47/67 (1949);
Kauck, E. A., et al.: Ind. Eng. Chem. *43*, 2332 (1951);
US 2519983 (1948) Minnesota Mining Manufact.;
US 2567011 (1951) Minnesota Mining Manufact.;
US 2593737 (1952) Minnesota Mining Manufact.;
US 2606206 (1952) Minnesota Mining Manufact.;
US 2713593 (1955) Minnesota Mining Manufact.;
US 2717871 (1955) Minnesota Mining Manufact.

[145] US 2732398 (1956) Minnesota Mining Manufact.;
Haszeldine, R. N., et al.: J. Chem. Soc. *1956*, 173, *1957*, 2640;
Tatlow, J. C., et al.: J. Chem. Soc. *1957*, 2574.

[146] *Brice, T. J.*, et al.: J. Am. Chem. Soc. *80*, 2313 (1958).

[147] *Arrington, jr., C. H.*, et al.: J. Phys. Chem. *57*, 247 (1953).

[148] *Holzapfel, W.*: Fluorchemikalien und ihr Einsatz. Fette, Seifen, Anstrichmittel *68*, 837 (1966);
Technische Informationen Minnesota Mining Manufact.;
Chemische Produkte Minnesota Mining Manufact., Zürich.

[149] *Haszeldine, R. N.*: J. Chem. Soc. *1949*, 2856; Nature *167*, 138, *168*, 1028.

[150] — J. Chem. Soc. *1953*, 3761.

[151] US 3234294 (1962) DuPont;
GE 1229506 (1962) DuPont.

[152] US 3156732 (1964) Pennsalt;
GE 1227881 (1964) Pennsalt.

[153] FR 1438617 (1966) Daikin Kogyo Kabushiki Kaishui.

[154] US 3351644 (1966) Pennsalt.

[155] *Haszeldine, R. N.*, et al.: J. Chem. Soc. *1952*, 3483; *1953*, 1548.

[156] FR 1498617 (1966) Daikin Kogyo Kabushiki Kaishui.
[157] US 3257407 (1966) DuPont.
[158] US 3171861 (1965) Minnesota Mining Manufact.
[159] GE 1230696 (1953) Minnesota Mining Manufact.;
GB 712784 (1952) Minnesota Mining Manufact.;
Philips, Fr. J., et al.: Textile Res. J. *1957*, 369;
Segal, L. S., et al.: Textile Res. J. *1958*, 233;
Grajeck, E. J., et al.: Am. Dyestuff Rep. *48*, No. 13,37 (1959).
[160] US 2662835 (1953) Minnesota Mining Manufact.;
[161] *Enders, H.*, et al.: Melliand Textilber. *41*, 1135 (1969).
[162] Chem. Eng. News *44*, No. 2, 27 (1966).
[163] US 2592069 (1951) Minnesota Mining Manufact.
[164] US 2642416 (1952) Minnesota Mining Manufact.
[165] *Filler*, et al.: J. Am. Chem. Soc. *75*, 2693 (1953).
[166] US 2862977 (1958) DuPont.
[167] US 2803615 (1956) Minnesota Mining Manufact.;
GE 1158265 (1962) Pfersee;
GB 1040035 (1964) DuPont.
[168] GE 1182630 (1960) Pfersee;
GE 1197844 (1961) Pfersee;
US 3150000 (1961) Pfersee;
US 3232790 (1961) Pfersee;
SZ 392453 (1965) Pfersee;
GB 1058955 (1965) DuPont;
Bernheim, W., et al.: Perfluorierte Verbindungen und ihre Anwendung in der textilen Ausrüstung. Textil-Veredlung *2*, 7 (1967).
[169] GE 1106960 (1957) Minnesota Mining Manufact.;
US 2803615 (1957) Minnesota Mining Manufact.;
US 3296264 (1963) Colgate Palmolive.
[170] Chem. Eng. News *46*, No. 34, 40 (1968);
Technical Information, Textile Chemical FC 218 (1968), Minnesota Mining Manufact. St. Paul;
Sherman, P. O., et al.: Textile Res. J. *1969*, 449.
[171] GB 971732 (1962) DuPont.
[172] GE 1214660 (1963) DuPont.
[173] Chem. Week, Vol. 102 No. 22/39., June 1, 1968.
[174] Technische Information Minnesota Mining Manufact., ,,Scotchan FC 806", Minnesota Mining Produkte, Zürich.
[175] Dyes and Chemicals Technical Bulletin ,,Zonyl" RP Paper Fluoridizer (DuPont).
[176] *Grajek, E. J.*, et al.: Textile Res. J. *32*, 320 (1967).
[177] AATCC Committee RA 56. Am. Dyestuff Rep. *56*, 122 (1962).
[178] NE 6512238 (1964) A. S. Pittman et al.;
NE 6602167 (1965) A. S. Pittman et al.
[179] Textile Res. J. *35*, 190 (1950); J. Polymer Sci., A 1, *4*, 2637, Pittmann et al.;
FR 1451613 (1966), Pittman et al.
[180] US 3382222 (1968), Pittman et al.
[181] NE 6602167 (1964), Pittman et al.
[182] Polymer Letters *3*, 379 (1965);
US 3361685 (1968), Pittman et al.
[183] NE 6702098 (1966) Pittman et al.
[184] *Zollinger, H.*: Chemismus der Reaktivfarbstoffe. Angew. Chem. *73*, 125 (1961).

185) US 3278549 (1963) Farbwerke Hoechst;
GE 1219155 (1963) Farbwerke Hoechst;
FR 1412793 (1963) Farbwerke Hoechst.
186) US 2462345 (1943) DuPont.
187) GE 1241822 (1965) GE 1235307 (1965) Farbwerke Hoechst.

Eingegangen am 7. August 1969

ISBN 978-3-540-04817-6 ISBN 978-3-540-36196-1 (eBook)
DOI 10.1007/978-3-540-36196-1

Ursprünglich erschienen bei Springer-Verlag Berlin Heidelberg New York 1970

Library of Congress Catalog Card Number 51-5497.
Titel-Nr. 7719

In kritischen Übersichten werden in dieser Reihe Stand und Entwicklung aktueller chemischer Forschungsgebiete beschrieben. Sie wendet sich an alle Chemiker in Forschung und Industrie, die am Fortschritt ihrer Wissenschaft teilhaben wollen.

In der Regel werden nur Beiträge veröffentlicht, die ausdrücklich angefordert worden sind. Schriftleitung und Herausgeber sind aber für ergänzende Anregungen und Hinweise jederzeit dankbar. Manuskripte können in den „Fortschritten der chemischen Forschung" in Deutsch oder Englisch veröffentlicht werden.

Jedes Heft der Reihe ist auch einzeln käuflich.

This series presents critical reviews of the present position and future trends in modern chemical research. It is addressed to all research and industrial chemists who wish to keep abreast of advances in their subject.

As a rule, contributions are specially commissioned. The editors and publishers will, however, always be pleased to receive suggestions and supplementary information. Papers are accepted for "Topics in Current Chemistry" in either German or English.

Single issues may be purchased separately.

GPSR Compliance
The European Union's (EU) General Product Safety Regulation (GPSR) is a set of rules that requires consumer products to be safe and our obligations to ensure this.

If you have any concerns about our products, you can contact us on

ProductSafety@springernature.com

In case Publisher is established outside the EU, the EU authorized representative is:

Springer Nature Customer Service Center GmbH
Europaplatz 3
69115 Heidelberg, Germany

www.ingramcontent.com/pod-product-compliance
Ingram Content Group UK Ltd.
Pitfield, Milton Keynes, MK11 3LW, UK
UKHW021919190726
13853UKWH00002B/748

9783540048176